U0208574

读者
人文科普文库
悦读科学
系列

文章精选自《读者》杂志

可持续设计，爱护我们的地球

读者杂志社 ———— 编

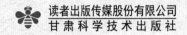

读者出版传媒股份有限公司

甘肃科学技术出版社

图书在版编目（ＣＩＰ）数据

可持续设计，爱护我们的地球 / 读者杂志社编 . --
兰州：甘肃科学技术出版社，2021.7（2024.1重印）
ISBN 978-7-5424-2836-3

Ⅰ．①可… Ⅱ．①读… Ⅲ．①生态环境保护－文集
Ⅳ．① X171.4 -53

中国版本图书馆 CIP 数据核字（2021）第100074 号

可持续设计，爱护我们的地球

读者杂志社　编

项目策划　宁　恢
项目统筹　赵　鹏　侯润章　宋学娟　杨丽丽
项目执行　杨丽丽　史文娟
策划编辑　李　霞　南衡山　马逸尘

项目团队　星图说
责任编辑　陈　槟
封面设计　吕宜昌
封面绘图　于沁玉

出　　版　甘肃科学技术出版社
社　　址　兰州市城关区曹家巷 1 号　　730030
电　　话　0931-2131570（编辑部）　0931-8773237（发行部）

发　　行　甘肃科学技术出版社　　印　刷　唐山楠萍印务有限公司
开　　本　787 毫米 ×1092 毫米　1/16　印 张　13　插 页　2　字 数　200 千
版　　次　2021 年 7 月第 1 版
印　　次　2024 年 1 月第 2 次印刷
书　　号　ISBN 978-7-5424-2836-3　　定　价：48.00 元

图书若有破损、缺页可随时与本社联系：0931-8773237

摘尽枇杷一树金

——写在"《读者》人文科普文库·悦读科学系列"出版之时

甘肃科学技术出版社新编了一套"《读者》人文科普文库·悦读科学系列",约我写一个序。说是有三个理由:其一,丛书所选文章皆出自历年《读者》杂志,而我是这份杂志的创刊人之一,也是杂志最早的编辑之一;其二,我曾在1978—1980年在甘肃科学技术出版社当过科普编辑;其三,我是学理科的,1968年毕业于兰州大学地质地理系自然地理专业。斟酌再三,勉强答应。何以勉强?理由也有三,其一,我已年近八秩,脑力大衰;其二,离开职场多年,不谙世事多多;其三,有年月没能认真地读过一本专业书籍了。但这个提议却让我打开回忆的闸门,许多陈年往事浮上心头。

记得我读的第一本课外书是法国人儒勒·凡尔纳的《海底两万里》,那是我在甘肃武威和平街小学上学时,在一个城里人亲戚家里借的。后来又读了《八十天环游地球》,一直想着一个问题,假如一座房子恰巧建在国际日期变更线上,那是一天当两天过,还是两天当一天过?再后来,上中学、大学,陆续读了英国人威尔斯的《隐身人》《时间机器》。最爱读俄罗斯裔美国人艾萨克·阿西莫夫的作品,这些引人入胜的故事,让我长时间着迷。还有阿西莫夫在科幻小说中提出的"机器人三定律",至今依然运用在机器人科技上,真让人钦佩不已。大学我学的是地理,老师讲到喜马拉雅山脉的形成,是印澳板块和亚欧板块冲击而成的隆起。板块学说缘于一个故事:1910年,年轻的德国气象学家魏格纳因牙疼到牙医那里看牙,在候诊时,偶然盯着墙上的世界地图看,突然发现地图上大西洋两岸的巴西东端的直角突出部与非洲西海岸凹入大陆的几内亚湾非常吻合。他顾不上牙痛,飞奔回家,用硬纸板复制大陆形状,试着拼合,发现非洲、印度、澳大利亚等大陆也可以在轮廓线上拼合。以后几年他又根据气象学、古生物学、地质学、古地极迁移等大量证据,于1912年提出了著名的大陆漂移说。这个学说的大致表达是中生代地球表面存在一个连在一起的泛大陆,经过2亿多年的漂移,形成了现在的陆地和海洋格局。魏格纳于1930年去世,又过了30年,板块构造学兴起,人们才最终承认了魏格纳的学说是正确的。

我上学的时代，苏联的科学学术思想有相当的影响。在大学的图书馆里，可以读到一本俄文版科普杂志《Знание-сила》，译成中文是《知识就是力量》。当时中国也有一本科普杂志《知识就是力量》。20世纪五六十年代，中国科学教育界的一个重要的口号正是"知识就是力量"。你可以在各种场合看到这幅标语张贴在墙壁上。

那时候，国家提出实现"四个现代化"的口号，为了共和国的强大，在十分困难的条件下，进行了"两弹一星"工程。1969年，大学刚毕业的我在甘肃瓜州一个农场劳动锻炼，深秋的一个下午，大家坐在戈壁滩上例行学习，突然感到大地在震动，西南方向地底下传来轰隆隆的声音，沉闷地轰响了几十秒钟，大家猜测是地震，但那种长时间的震感在以往从来没有体验过。过了几天，报纸上公布了，中国于1969年9月23日在西部成功进行了第一次地下核试验。后来慢慢知道，那次核试验的地点距离我们农场少说也有1000多千米。可见威力之大。"两弹一星"工程极大地提高了中国在世界上的地位，成为国家民族的骄傲。科技在国家现代化强国中的地位可见一斑。

到了20世纪80年代，随着改革开放时期来到，人们迎来"科学的春天"，另一句口号被响亮地提出来，那就是"科学技术是第一生产力"，是1988年邓小平同志提出来的。1994年夏天，甘肃科学技术出版社《飞碟探索》杂志接待一位海外同胞，那位美籍华人说他有一封电子邮件要到邮局去读一下。我们从来没有听说过什么电子的邮件，一同去邮局见识见识。只见他在邮局的电脑前捣鼓捣鼓，就在屏幕上打开了他自己的信箱，直接在屏幕上阅读了自己的信件，觉得十分神奇。那一年中国的互联网从教育与科学计算机网的少量接入，转而由中国政府批准加入国际互联网。这是一个值得记住的年份，从此，中国进入了互联网时代，与国际接轨变成了实际行动。1995年开始中国老百姓可以使用网络。个人计算机开始流行，花几千块钱攒一个计算机成为一种时髦。通过计算机打游戏、网聊、在歌厅点歌已是平常。1996年，《读者》杂志引入了电子排版系统，告别了印刷的铅与火时代。2010年，从《读者》杂志社退出多年后，我应约接待外地友人，去青海的路上，看到司机在熟练地使用手机联系一些事，好奇地看了看那部苹果手机，发现居然有那么多功能。其中最让我动心的是阅读文字的便捷，还有收发短信的快速。回家后我买了第一部智能手机。然后做出了一个对我们从事的出版业最悲观的判断：若干年以后，人们恐怕不再看报纸杂志甚至图书了。那时候人们的视线已然逐渐离开纸张这种平面媒体，把眼光集中到手机屏幕上！这个转变非同小可，从此以后报刊杂志这些纸质的平面媒体将从朝阳骤变为夕阳。而这一切，却缘于智能手机。激动之余，写了一篇"注重出版社数字出版和数字传媒建设"的参事意见上报，后来不知下文。后来才知道世界上第一部智能手机是1994年发明的，十几年后才在中国普及。2012年3月的一件大事是中国腾讯的微信用户突破1亿，从此以后的10年，人们已经是机不离身、眼不离屏，手机成为现代人的一个"器官"。想想，你可以在手机上做多少件事情？那是以往必须跑腿流汗才可以完成的。这便是科学技术的力量。

改革开放40多年来，中国的国力提升可以用翻天覆地来表述。我们每一个人都可以切身感受到这些年科学技术给予自己的实惠和福祉。百年前科学幻想小说里描述的那些梦想，已然一一实现。仰赖于蒸汽机的发明，人类进入工业革命时代；仰赖于电气的发明，人类迈入现代化社会；仰赖于互联网的发明，人类社会成了小小地球村。古代人形容最智慧的人是"秀才不出门，能知天下事"，现在人人皆可以轻松做到"秀才不出门，能做天下事"。在科技史中，哪些是影响人类的最重大的发明创造？中国古代有造纸、印刷术、火药、指南针四大发明。也有人总结了人类历史上十大发明，分别是交流电（特斯拉）、电灯（爱迪生）、计算机（冯·诺伊曼）、蒸汽机（瓦特）、青霉素（弗莱明）、互联网（始于1969年美国阿帕网）、火药（中国古代）、指南针（中国古代）、避孕技术、飞机（莱特兄弟）。这些发明中的绝大部分发生在近现代，也就是19、20世纪。有人将世界文明史中的人类科技发展做了如是评论：如果将5000年时间轴设定为24小时，近现代百年在坐标上仅占几秒钟，但这几秒钟的科技进步的意义远远超过了代表5000年的23时59分50多秒。

科学发明根植于基础科学，基础科学的大厦由几千年来最聪明的学者、科学家一砖一瓦地建成。此刻，忽然想到了意大利文艺复兴三杰之一的拉斐尔（1483—1520）为梵蒂冈绘制的杰作《雅典学院》。在那幅恢宏的画作中，拉斐尔描绘了50多位名人。画面中央，伟大的古典哲学家柏拉图和他弟子亚里士多德气宇轩昂地步入大厅，左手抱着厚厚的巨著，右手指天划地，探讨着什么。环绕四周，50多个有名有姓的人物中，除了少量的国王、将军、主教这些当权者外，大部分是以苏格拉底、托勒密、阿基米德、毕达哥拉斯等为代表的科学家。

所以，仰望星空，对真理的探求是人类历史上最伟大的事业。有一个故事说，1933年纳粹希特勒上台，他做的第一件事是疯狂迫害犹太人。于是身处德国的犹太裔科学家纷纷外逃跑到国外，其中爱因斯坦隐居在美国普林斯顿。当地有一所著名的研究机构——普林斯顿高等研究院。一天，院长弗莱克斯纳亲自登门拜访爱因斯坦，盛邀爱因斯坦加入研究院。爱因斯坦说我有两个条件：一是带助手；二是年薪3000美元。院长说，第一条同意，第二条不同意。爱因斯坦说，那就少点儿也可以。院长说，我说的"不同意"是您要的太少了。我们给您开的年薪是16000美元。如果给您3000美元，那么全世界都会认为我们在虐待爱因斯坦！院长说了，那里研究人员的日常工作就是每天喝着咖啡，聊聊天。因为普林斯顿高等研究院的院训是"真理和美"。在弗莱克斯纳的理念中，有些看似无用之学，实际上对人类思想和人类精神的意义远远超出人们的想象。他举例说，如果没有 100 年前爱因斯坦的同乡高斯发明的看似无用的非欧几何，就不会有今天的相对论；没有 1865 年麦克斯韦电磁学的理论，就不会有马可尼因发明了无线电而获得 1909 年诺贝尔物理学奖；同理，如果没有冯·诺伊曼在普林斯顿高等研究院里一边喝咖啡，一边与工程师聊天，着手设计出了电子数字计算机，将图灵的数学逻辑计算机概念实用化，就不会有人人拥有手机，须臾不离芯片的今天。

对科学家的尊重是考验社会文明的试金石。现在的青少年可能不知道，近在半个世纪前，我们所在的大地上曾经发生过反对科学的事情。那时候，学者专家被冠以"反动思想权威"予以打倒，"知识无用论"甚嚣尘上。好在改革开放以来快速而坚定地得到了拨乱反正。高考恢复，人们走出国门寻求先进的知识和技术。以至于在短短 40 多年，国门开放，经济腾飞，中国真正地立于世界之林，成为大国、强国。

虽说如此，人类依然对这个世界充满无知，发生在 2019 年的新冠疫情，就是一个证明。人类有坚船利炮、火星探险，却被一个肉眼都不能分辨的病毒搞得乱了阵脚。这次对新冠病毒的抗击，最终还得仰仗疫苗。而疫苗的研制生产无不依赖于科研和国力。诸如此类，足以证明人类对未知世界的探索才刚刚开始。所以，对知识的渴求，对科学的求索，是我们永远的实践和永恒的目标。

在新时代，科技创新已是最响亮的号角。既然我们每个人都身历其中，就没有理由不为之而奋斗。这也是甘肃科学技术出版社编辑这套图书的初衷。

写到此处，正值酷夏，读到宋代戴复古的一首小诗《初夏游张园》：

乳鸭池塘水浅深，

熟梅天气半晴阴。

东园载酒西园醉，

摘尽枇杷一树金。

我被最后一句深深吸引。虽说摘尽了一树枇杷，那明亮的金色是在证明，所有的辉煌不都源自那棵大树吗？科学正是如此。

胡亚权

2021 年 7 月末写于听雨轩

目　录

美丽的长发为谁失落

王剑冰

我曾经见到过这样一幅照片，一群光头正在海中嬉戏，加勒比海波澜壮阔，天空淡蓝而高远。她们那般年轻，面容姣好，皮肤白皙。

如果不是看到说明，我绝不会相信这是一群姑娘，一群没有头发的姑娘！她们是在拍影片，还是追求一种时尚？

是核辐射导演了这幅画面！

突然的灾难，摧毁了姑娘们正常的生活，剥夺了她们拥有长发的权利。暂时的欢乐遮掩不住长久的哀伤，艳丽的衣衫遮挡不住生命的早逝。金发女郎的称谓，再也轮不到她们身上了。

1986 年 4 月 26 日，位于当时苏联乌克兰的切尔诺贝利核电站第四号反应堆突然发生爆炸。可爱的大气层立时就充满了放射性尘埃。距离较近的瑞典福什马克核电站在观测中以为是自己出了事故，慌忙撤离了全部人员，并立即进行检查。结果是一场虚惊。与此同时，丹麦、挪威、芬兰也紧张地发现了空气中的放射性物质。丹麦的辐射程度比平时高出 4 倍，芬兰更甚，竟然高出了 10 倍！

好在苏联在当天没有掩盖这一不幸的现实。消息播发，举世震惊。

10 天之后，一架飞机于 800 米高度飞临了切尔诺贝利核电站的上空，国际原子能机构总干事布利克斯过后说，这是迄今世界上发生的最严重的一起核事故。而位于事故发生地北部的一些地区受到的影响最为严重，事故外泄的放射性物质将在湖水和森林中渗透与循环，完全地消失最少也得 30 年！

10 年之后，一批批的人从乌克兰等地默默出发，到达遥远的加勒比海滨。他们不是去旅游度假，而是去古巴接受特殊的治疗。短短的 3 年时间里，这支不便公开的队伍竟有几万人之多。

10 年之后，乌克兰公布了一个数字，自 1986 年以来，参与清理工作的人员已有 1.25 万人死亡，在参与这类工作的 30 多万人中，很多都已经患病。而在受核辐射污染的地区，还有 300 万人生活在那里。在白俄罗斯，也有 200 万以上的人口生活在核辐射污染的地区，其中有 40 万是儿童。与核辐射有关的疾病如白喉、霍乱、伤寒、癌症、结核病等正在这些地区悄然蔓延。

还有一个可怕的阴影，在人们的无奈中越拉越长：切尔诺贝利核事故所带来的后果，将延续 100 年！

现在，切尔诺贝利发生事故的反应堆已经被厚厚的混凝土封杀掉了，它就像一个死亡的坟墓，永久诉说着一场没有战争的灾难。尽管说科技越来越发达，人们征服自然的能力越来越强，而要发展就会有代价。但是，所要承受这种代价的，怎么总是一些平民百姓，是儿童和少女。这种残酷的历史和现实还少吗？当核物质造成的病变在他们的体内游走的时候，他们不知道自己的敌人是谁。

加勒比海的景色与青春和美丽应该是最和谐的。然而这些毫发不长的姑娘却在阳光下与这景色形成了那样强烈的反差。

我的眼前跃动着一种长发舞，姑娘们将一头长发上下左右不停地甩动着，像金色的瀑布倾泻飘逸，像焰火一般燃烧奔放，整个场子，让那些长发给舞活了，舞得春情荡漾。

而对于这些海边的少女，那满头长发，将永远成为她们的一种梦想。

超级灾难警世录

新探健康发展研究中心

切尔诺贝利核电站核泄漏

苏联的切尔诺贝利核电站位于乌克兰首府基辅市北郊 130 千米处，由于设备陈旧，其反应堆几乎没有什么有效安全防护设施。1986 年 4 月 26 日凌晨 1 时，由于工作人员违章操作，第四号发电机组的反应堆失控并发生爆炸。2000℃的高温和高达每小时 1 万伦琴的放射量吞噬了现场的一切，继而在风的作用下放射性泄漏影响到整个北欧地区。

国际原子能机构称，这是迄今世界上最严重的一次核事故。事发后，核电站周围的十几万居民全部撤离。事故的发生使苏联损失 160 亿卢布，粮食产量减少 2000 万吨。50 年内，核电站周围的千万顷沃土将一片荒芜。

更严重的还是对人体的危害。苏联明斯克肿瘤医院院长阿列吉尼科娃1990 年说，白俄罗斯有 150 万人生活在受放射性物质影响的地区。1992 年 6 月，基辅公布的数字承认，已有 8000 名乌克兰人死于核辐射。国际原子能机构专家称，要消除事故造成的污染，至少需 100 年。

点评：核技术是人类应用科学技术的巨大进步，但它也是一把双刃剑，在带来巨大财富的同时，其危险性也超乎寻常。作为不可逆转的灾难，核污染关乎人类的命运。因此，如何安全使用核技术，是摆在人类面前的一个至关重要的问题。

印度博帕尔毒气严重泄漏

1984 年 12 月 3 日，美国联合碳化物公司在印度博帕尔市的农药厂因管理混乱，操作不当，致使地下储罐内的甲基异氰酸酯因压力升高而爆炸并外泄。45 吨毒气形成一股浓密的烟雾，以每小时 5000 米的速度袭击了博帕尔市区。

毒气首先飘过两个小镇，使正在睡梦中的数百人死亡。随后，毒气迅速扑向博帕尔市的火车站，站台上有许多在寒冷中缩成一团的乞丐，十几人相继毙命，其余 200 余人奄奄一息。毒气通过庙宇、商店、街道和湖泊，笼罩了方圆 40 千米的市区，并且继续悄然无声地扩散。

当时空气相当清爽，几乎没风，使毒气能以较大的浓度继续缓缓扩散。

这一起震惊世界的毒气泄漏事件，导致 2 万多人死亡，20 多万人受害，5 万人失明，很多孕妇或流产或产下死婴，受害面积 40 平方千米，数千头牲畜被毒死。

印度政府调查团发现，总部设在美国的该公司在安全防护措施方面存在偷工减料的事实。美国联合碳化物公司设在印度的工厂与设在美国本土西弗吉尼亚的工厂在生产设计上是一样的,然而在环境安全防护措施方面却采取了双重标准。博帕尔农药厂只有一般的装置,而设在美国本土的工厂除一般装置外,还装有电脑报警系统。另外,博帕尔农药厂建在了人口稠密地区,而美国本土那个同类工厂却远离人口稠密地区。

点评:博帕尔事故是一个典型的危机事件,为世界各国敲响了警钟。跨国公司往往把更富危险性的工厂开办在发展中国家,以逃避其在国内必须遵守的严厉限制,这已成为带有明显倾向性的问题。而在许多发展中国家,很多具有污染性或危险性的工厂并没有严格按照环保安全规程生产,而政府的监管也未落到实处。这样的企业有的成为危害公众生命安全的慢性毒药库,有的则是一颗定时炸弹。不论哪一种,它们所带来的危害都是难以估计的。

莫斯科天花流行

苏联早在 1936 年即宣布消灭了天花,然而时隔 23 年之后,竟因一出访者在天花流行的印度逗留两周后,于 1959 年 12 月 23 日乘机返回莫斯科的当日发病,继而引发了该市的天花爆发流行。

患者儿时曾接种过牛痘,1959 年初又再次接种,但未见皮肤出现种痘后的典型反应。患者染病表明第一次接种的免疫力已经消退,第二次接种的免疫力不佳。因患者的临床症状不典型,加之医务人员对天花诊治业务的生疏,最终因误诊治疗无效而亡。随后出现了以与患者接触过的医务人员及其家属为主的第二代病例,循此传播途径,又出现了第三、四代病例。自出现首发病例后的 43 天中,莫斯科市共发现 46 例天花患者,其中 3 例死亡,形成了局部天花爆发流行。

所幸的是莫斯科当局在天花爆发的初期,迅速启动全民应急接种牛痘，使疫情得到有效控制，未酿成大规模爆发流行。

点评：随着全球经济一体化，人员交流的频繁和迅捷，偌大的世界变成了地球村。任何一种传染病，只要在世界上任何一个地方还存在，对全世界都是一种隐患，随时都有爆发的可能。

因此，各国政府和公众不仅应对现有传染病保持高度警惕，而且对业已被控制的，甚至只在地球某个角落存在的传染病也不能掉以轻心，而且还应在人力、物力、技术上做好周全的应对准备。

上海甲肝爆发

自 1988 年 1 月 19 日起，上海市民中突然发生不明原因的发热、呕吐、厌食、乏力和黄疸等症状的病例，数日内患者人数成倍增长，截至当年 5 月 13 日，共发病 310 746 例，31 例直接死于该病。

本次甲肝爆发流行的特点是：来势凶猛，发病急，病人症状明显，以青壮年为主。

根据流行病学调查分析，专家们明确了本次甲型病毒性肝炎爆发是因出产地的毛蚶受到甲肝病毒严重污染，而上海市民又缺乏甲肝的免疫屏障，有生食毛蚶的习惯，最终酿成爆发流行。

在确定了病因后，市政府提出了有针对性的防治措施，包括禁捕、购、销毛蚶，教育市民不生食毛蚶，防止水源污染和食品污染等，使疫情在 3 个月内迅速得到控制。

点评：上海的甲肝风暴虽然很快得到平息，但给我们的教训是深刻的。如果整个社会不高度重视公共卫生工作及相关的法制建设，就会重蹈覆辙。

我们必须确立"大卫生"的观念，树立全方位"预防为主"的思想，重视卫生工作，使"预防为主"的方针真正成为全社会共同的战略思想。

有关职能部门更应认真吸取教训，举一反三，采取一系列有力措施：首先，加大市容卫生综合治理力度；其次，加强卫生基础设施建设；第三，加强食品卫生监督、管理；第四，健全食品卫生法规和规章；第五，深入开展卫生防病工作的宣传教育。

沙溪镇化学毒品泄漏

1991 年 9 月 3 日凌晨 2 时 30 分，一辆装载 2.4 吨液态一甲胺的槽罐车从上海启运。经过二十多小时行驶，在抵达江西省上饶县沙溪镇人口稠密地段时，因汽车槽罐的进气口阀门擦到路边的树枝，挥发性极强的液态一甲胺迅即从阀门断裂处喷泄而出。顷刻间，白色烟雾和暗红色火焰直冲夜空，2.4 吨液态一甲胺在槽车内 3~4 个大气压下，仅十多分钟就全部泄漏殆尽。有毒的白色烟雾紧贴地面的大气层，以 5~6 米的高度在 1~2 级风速下扩散。事故发生后，司机与押运员边跑、边大声呼唤居民逃命。然而，大多数人根本搞不清楚如何逃生，许多人因错向下风向撤离而中毒，其中有 8 人当即死亡。而少数稍懂化学知识的居民，用湿毛巾捂住口鼻逃离，虽皮肤有些灼伤，却保住了性命。事故发生后不到 1 小时，130 名危重伤员被送进了镇医院。由于镇医院超负荷接受了大量中毒者，药品、器械、床位均严重缺乏，技术力量不足；更为严重的是不知患者中的是什么毒，一些病人因未得到及时有效的医治而死亡。

这起特大化学事故共造成 39 人死亡，650 多人中毒，受毒气影响的人员共计 995 人。受害面积 22.96 万平方米，经济损失达 200 多万元。

点评：造成这起事故的直接原因是槽罐车运送人员严重违反了有毒化学品运输规章制度，违章离开固定行驶路线和停车点，擅自将装有有毒化学品的车辆驶入居民区。加强对有毒化学品运输人员的教育，使之清楚所运载货物的危险性，并严格遵守化学危险物品外运管理规章制度；同时，在加强重点毒物管理的同时，也不能忽略对低毒类化学物品的管理；此外，应进一步向城乡居民普及救护知识。事故发生初期，居民能否开展自救互救，对整个事故发展的进程和人员的伤害程度有着极其重要的影响。

沉默中的悲鸣

许晓迪

1986 年 4 月 26 日深夜 1 点 23 分，位于乌克兰基辅以北 110 公里的切尔诺贝利核电站 4 号反应堆发生爆炸。刹那间，1200 吨的顶盖被掀飞，火花从裂开的缺口喷溅而出，携带着大量辐射粒子，喷向几千米的高空。这是人类历史上迄今为止最严重的核泄漏事故，其影响远超 1945 年美国在日本广岛、长崎投下的原子弹。

在最近引发热议的 HBO 迷你剧《切尔诺贝利》中，这一爆炸时刻被呈现得唯美而令人绝望：核电站上空升起炫目的光柱，居民被它吸引，走出家门。男人们拿着伏特加，女人们穿着裙子、推着婴儿车。柔光的慢镜头里，灰尘正安静地落在他们身上——那是核泄漏所产生的放射性尘埃，但他们毫不知情。

　　片头那个消防员和妻子的故事，来自女作家 S.A.阿列克谢耶维奇写于 1997 年的非虚构作品《切尔诺贝利的悲鸣》。当天，只穿着衬衫去灭火的丈夫瓦西里遭受了 1600 伦琴的巨量辐射，被送往莫斯科隔离治疗。妻子露德米拉一直守候在他身边，尽管所有人都告诉她："他已经不是人了，他是一个核反应堆。"

　　她看着他开始变化，每一天都与前一天判若两人。全身皮肤的颜色从蓝色、红色到灰褐色，皮肤皲裂，全身长疮，每天排脓血便 25 到 30 次，只要一转头，一簇头发就留在枕头上；到最后，身体组织开始解体，骨头晃来晃去，肺和肝的碎片都从嘴里跑出来，她要用绷带包着手，把它们掏出来……14 天后，瓦西里死去。这一年，露德米拉 23 岁。他们结婚没多久，连到商店买东西都要牵手，街上的路人对他们报以微笑。

　　露德米拉的口述，被阿列克谢耶维奇放在《切尔诺贝利的悲鸣》的开篇。在这位 2015 年获得诺贝尔文学奖的白俄罗斯作家看来，它"和莎士比亚一样伟大"。3 年来，她四处旅行，采访这次灾难中的幸存者：核电厂的工人、科学家、政府官员、医生、士兵、直升机驾驶员、矿工、难民、迁居的人们……将这些"切尔诺贝利人"的声音汇聚成一部普通人的历史。

　　在这些诉说中，有那些"被压制成铁板一块"的历史所遮蔽或不屑的图像和声音：鸡冠变成了黑色，牛奶变成了白色粉末，被人类遗弃的动物四处流浪；官僚集团中充斥着无知与傲慢，"人们害怕上级长官的程度，甚于害怕核"；从阿富汗战场逃过一劫的士兵，如今在反应炉附近的森林里吸收辐射，去世时肿得像个水桶，像黑炭一样黑；当机器人都因辐射太强而瘫痪时，"清理人"喝上两口伏特加就上阵了，"用铲子对抗原子"……5 年后，苏联解体。因此，阿列克谢耶维奇呈现的不仅仅是灾

王青｜图

难史，也是苏联剧变前的历史。

33 年过去，切尔诺贝利已成为一个沉默的遗留物。邻近的城市普里皮亚季成为一座"鬼城"，100 年之内不能住人；13 万居民成了核难民，终生不能返回故乡；60 万抢险大军中，超过一半的人已经在过去 20 年里死去，剩下的人余生都将饱受病痛的折磨。同样沉默的，还有扑朔迷离的伤亡人数，纠缠错节的事故原因，那些罹患癌症的儿童，那些被政府抛弃的贫病交加的昔日英雄……历史的叙述永远无法还原昔日真实的历史图景，无论是 HBO 还是阿列克谢耶维奇，也都有各自的"洞见"与"偏见"。但他们都在努力抵抗人们对切尔诺贝利的遗忘——那一夜核电站上空炫目而令人恐惧的火光，让我们永远无法温和地走入历史的黑夜。

虎鲸的反击

英国那些事儿

2020年7月29日，23岁的维多利亚·莫瑞斯跟随3名水手在直布罗陀海峡航行。

那天下午，她看到有高耸的背鳍从远处游来。是虎鲸，数了数，足足有9条！

对于一个学海洋生物学的学生，眼前的一切无疑是令人兴奋的。

但没想到，这9条虎鲸围绕着船一直没散去，反而把船包围起来，并开始猛烈地撞击船身，攻击底部的船舵和龙骨，一边攻击，一边发出震耳欲聋的叫声。

因为攻击力度太大，船的引擎和舵全部失灵，船头被调转180度。所有人都慌了。

维多利亚和水手们开始收帆，准备救生筏和用无线电发出求救警报。海警用了好一会儿时间才相信他们说的话——有一群虎鲸在攻击他们。

虎鲸？攻击人？这是从来没有发生过的事。

更让人没想到的是，虎鲸的攻击时间超过一个小时。后来维多利亚告诉记者，她感觉虎鲸们是想把船掀翻。

还好，这艘船有14米长，最后虎鲸们还是放弃了。舵和引擎被损坏的船漂流到西班牙巴尔瓦特镇的一条运输专线上，过了一个半小时船员才获救。

等船被拖上岸后，人们发现船舵的三分之一被损毁，上面还有虎鲸的牙印。

这事儿真的太奇怪了。塞维利亚大学海洋生物实验室的研究员罗西奥·爱丝帕达得到消息后，一开始根本不相信。她说，确实有虎鲸和船互动的案例。作为一种高智商哺乳动物，有些虎鲸会把船舵当成玩具，咬它或者轻拍它。但攻击船只超过一个小时，并毁坏船舵和引擎，这种事从来没发生过。

但维多利亚经历的事件并不是唯一一起。

从今年7月下旬开始，就不断有航海者报告自己在直布罗陀海峡被虎鲸攻击。

7月23日，31岁的阿方索·马丁像往常一样开着货船，有4条虎鲸把他们的船逼停，猛烈地攻击船身，船舵被损毁。据马丁说，整场攻击持续了50分钟。最后，船体开始倾斜，船头被调转120度，还有一个船员的肩膀因为冲击力差点脱臼。

7月22日，来自英国的退休护士贝弗利·哈瑞斯和她的老伴在帆船上航行。当他们航行到巴尔瓦特附近时，船突然停了下来，被调转方向。

勾　犇｜图

他们拿着手电筒一看，发现是一群虎鲸。夫妇俩把船头调过来，但每次都会被虎鲸调回去。来来回回很多次，过了20分钟后，虎鲸们才游开。这艘船的船舵也被毁坏，哈瑞斯说，她感觉虎鲸们有几次想把船抬起来。

也有没那么暴力的虎鲸。至少7月份有两起记录，虎鲸在和船只接触后，只控制了船舵，不让船前进，其余没有做什么。

"这些事情都很奇怪。"鲸鱼研究员卡泽拉在《卫报》的采访中说，"我不认为它们是故意要攻击人类，但这些事不同寻常。"

很多研究人员都表示，他们之前从未听说过此类事件。不过他们猜测，之所以会发生这样的情形，可能是由于直布罗陀海峡里的虎鲸生存压力实在太大了。

生活在直布罗陀海峡的虎鲸只有不到50条，濒临灭绝，问题出在多个方面。

首先，直布罗陀海峡是一片非常狭窄的海域，也是当地主要的运输通道。过往的货船很多，海洋噪声与污染也很严重。

因为海域很窄，虎鲸们非常容易被看到，所以当地兴起了一项利润丰厚的产业：鲸鱼观赏。

每天，都会有游船开到虎鲸身边，游客们对着虎鲸大呼小叫。虎鲸游到哪里，他们就开到哪里，骚扰它们的生活，阻碍它们捕食。

更糟糕的是，当地蓝鳍金枪鱼数量严重不足。

直布罗陀的虎鲸以这种体型巨大的金枪鱼为食。倒霉的是，这种金枪鱼也很受人类喜欢，大的能卖到上百万美元一条。受利益驱使，人类过度捕捞这种金枪鱼，使得它们的数量从 2005 年至 2010 年间骤降，已到了濒危的地步。

因为能被抓到的金枪鱼太少，虎鲸们从 20 世纪末开始，学会从渔民手中抢鱼，把被钩住的鱼咬走，只剩下鱼头。这种方法很危险，有的虎鲸会被钓上去，有的虎鲸的鳍会被钓线割断。

渔民们把虎鲸称为"小偷"，非常讨厌它们。曾经，有渔民用电棍击昏虎鲸，或向虎鲸扔点燃的汽油罐，还有的渔民会切断它们的背鳍。

"虎鲸是保护动物，但在不被人看到的时候，渔民们想怎么做就怎么做。"海洋生物学家乔恩·塞林说，"他们把虎鲸视为竞争者。"

因为金枪鱼太难找，所以渔民们会以虎鲸作为搜寻目标，看到它们的背鳍后，便在它们下方撒网。有的时候，他们是对的，于是这些鱼到了渔民的网里。

严重的食物短缺，造成虎鲸超高的幼鲸死亡率；和渔民抢食，也让成年虎鲸们伤痕累累。

不过，直布罗陀的虎鲸们已经忍受这种糟糕的环境几十年，为什么会突然从今年 7 月起，决定报复人类呢？

塞林说，这可能是由于新冠肺炎疫情的影响。

"在过去几个月，没有大型钓鱼比赛，没有赏鲸活动，没有帆船、渡轮和货船，海洋世界终于清静了。""大部分虎鲸从出生起，从没遇过这样的好事，所以，当噪音再次出现时，它们生气了。"

在《卫报》的采访中，很多研究人员都用"生气"这个词来形容虎鲸从 7 月份开始的行为。他们认为，虎鲸其实明白，这所有的一切——夭折的幼崽、日常受伤、不足的食物——都和人类有关。

鲸鱼研究中心的肯·巴尔科姆说："我看到它们盯着渔船，我觉得，它们明白眼前的食物短缺是人类造成的。它们也知道，是食物短缺造成它们身体虚弱，使它们失去孩子。"

被欺负这么多年，怎么会不愤怒呢？

在攻击事件发生后，研究员保琳娜·高费耶向西班牙环境局提交了一份保护计划，希望在巴尔瓦特附近海域划分"低噪音区"，还虎鲸们一片清静。

经历过被 9 条虎鲸围攻的维多利亚也找到了自己的研究专题，打算未来专门保护这群濒危的生物。

希望在未来，这群虎鲸能有更好的生存条件。这些海洋的精灵们，真的禁不起折腾了……

自然界绝地大反扑

周　闻　编译

SARS 史前

SARS 阴影未远，欧美国家的疯牛病、亚洲国家的禽流感又接踵而至，病毒学家呼吁，如果人类再不尊重大自然，这些病毒和细菌的困扰将永不止息。人类打乱了自然生态，压根儿也没有想到子孙后代，最终，人类要担负起对自然的责任，否则造成的苦果就要自己品尝。

请看以下几个故事：1913 年，德国汉堡一个修道院的女仆，23 岁，突然精神病发作，尖声大叫，神情呆滞，浑身抽搐，大笑不止，吞咽困难，卧床不起，不到两个月就死于癫痫。一位叫作克罗伊茨费尔特的德国医生解剖了她的尸体，发现她的脑部没有发炎，却严重受损，有不知名物质杀死了数以百万计的脑细胞。他意识到这是一种新的疾病，但没有找到病因。1920年，他的论文发表时，引起了另一位名叫雅各布的德国医生的共鸣——此前，在他的手上也死过类似的病人。从此，这种新的危险的脑部疾病就被命名为"克雅氏病"。

1950年，赤道几内亚东部的南富雷山的夜晚，月白风清。一群有着乌黑皮肤的妇女带着她们未成年的孩子，将一具老年妇女的尸体拖进一块鲜花盛开的马铃薯地里。她们都是她的女性亲戚，心中充满怜悯，也充满了期待。不一会儿，在死者的周围，篝火点起来了，在熊熊的火焰照耀下，一场"盛宴"开始了。

几年之后，一位来自美国的儿科医生及病毒学家，后来获得了诺贝尔奖的加得塞克来到了南富雷。不过，吸引他的不是吃人的"盛宴"，而是发生在这里的一种新的病症——库鲁症，也叫"笑死病"。这种病的典型特征是：吃自己亲人的肉的妇女和儿童，第一个月步态蹒跚；第二个月颤抖，傻笑，说话不清，不能自理；第三个月全面瘫痪。接着是失去吞咽能力，活活饿死、渴死。最痛苦的是，在这一切发生的过程中，病人始终相当清醒。

最初，加得塞克研究的对象是库鲁症，它和克雅氏病有相近之处。

1959年，加得塞克收到一封来自伦敦的信，写信人叫海德娄，一位伯克郡的兽医，专门研究一种绵羊的古老而神秘的疾病——羊瘙痒症。

通常得这种病的是羊不是人，但是，它们得病后的症状：走路不稳、颤抖、眼瞎、摔倒，直到死亡，都和人类的库鲁症有相近之处。这种病第一次出现于1947年，美国密歇根州的一个农场从加拿大引进了种羊，接着就发生了大规模的羊瘙痒症。美国农业部展开了大规模的屠杀，一群羊中只要有一只病羊，就全部杀死。但是，他们还是没有控制住病情的蔓延，甚至跨越了品种，蔓延到了山羊当中。后来，在海德娄的实验中，这种病症又跨越了物种的屏障，感染了貂类和灵长类动物。羊肉是人类的食物，这种羊瘙痒症会不会感染人类呢？可惜海德娄不敢用人做实验，只能留下一个令人担忧的遗憾。

疯牛病

1985 年，英国一位叫惠特克的医生接到一个农民的电话，说他家的一头母牛行动怪异。在那个叫作普仑顿的地方，惠特克看到病牛有很难控制的攻击性，身体协调性很差，站立不稳，东倒西歪，很快就毙命了。一种发生在牛身上的新的疾病出现了，专家们将它定义为"牛脑部海绵化病"，也就是"疯牛病"。

1987 年，疯牛病蔓延到了英格兰和威尔士各地，唯独苏格兰幸免。

越来越多的科学家加入到了研究疯牛病的队伍。他们看到，在苏格兰以外的地方，众多的动物尸体处理工厂里，到处弥漫着蒸气、鲜血、油脂和臭气。人们把肥肉、骨头、内脏、头、尾巴、血，牛、羊、猪的尸骸，甚至家禽的羽毛，放到大锅里提炼黄油，剩下的油渣用庞大的机器磨碎，制成肉骨粉。再用这种饲料去喂养提供这些原料的动物，生产廉价的奶和肉。

科学家们开始呼吁停止让食草动物吃肉，政府开始下令大量屠杀牛。人们还展开了一场疯牛病是否会蔓延到人类的争论。当人们争论不休的时候，事实说话了：

1993 年，15 岁的女孩维姬 5 月发病，8 月死亡。她的脑部切片显示海绵质脑病变，医生告诉她的祖母，这就是疯牛病。

1994 年，英国一位 16 岁的女孩，说话含糊不清，平衡出了问题，记忆衰退，走路摔跤。死后，医生发现了她的大脑皮质呈现海绵质脑病变。平时她吃羊肉，也吃腌牛肉和汉堡包。

1994 年，一年轻人向医生诉苦，说他恐惧水和尖锐的物品，步伐常常失去控制。他死后，在解剖他的脑部时也发现了海绵质脑病变。

此前，他有 8 年的时间在他姑妈的农场，喝未经消毒的牛奶，跟母牛接近。但是，那群牛没有出现过疯牛病。

1996 年，加得塞克总结说："人们完全不懂人类被什么感染了，其实就是库鲁症，所有物种都会被感染——乳牛、肉牛、猪、鸡。这种病没有在猪身上发现，只因为你不会把猪养上七八年，顶多两三年就宰掉了。我们在实验室里让猪染上羊瘙痒症，养到第 8 年，它们就发病了。""不仅猪肉有问题，那代表所有的猪皮皮夹、猪肠做的手术缝线、所有喂肉骨粉的鸡都可能已受到了感染。素食者吃了用鸡粪当肥料的蔬菜，也会传染上。"

1996 年，另一位科学家雷熙有证据显示：家畜仍然会发作疯牛病，而处于潜伏期的带病家畜也还在供人食用。人类克雅氏病的潜伏期可达 25 年，甚至 30 年。如果目前克雅氏病变种的案例平均每年增加 50%，那么到时一年的病例就会多达 20 万。也就是说，每年要死 20 万人。

社会症结

现在，我们的读者可能明白了以下几个问题：

一、克雅氏病、库鲁症、羊瘙痒症、疯牛病虽然发生在不同的时间和不同的动物身上，却有着一脉相承的关系，是科学家们的调查研究把它们放到一起，揭示出了这种关系，为寻找病因提供了条件。

二、南富雷的女人和小孩吃亲人的尸体，就只有女人和孩子得库鲁症。自 20 世纪末起，她们改变了这个风俗，患库鲁症的孩子就少了很多，但是潜伏期却延长了。同样道理，疯牛病的发生则是因为人类强迫牛羊"开荤"。

三、找到了病因，解决的方法也就不难找到了。但是，让人担忧的是人类能不能吸取教训，约束自己的行为。令人恐怖的是消除病因并不像发现病症那样容易。在这个有着几亿年历史的地球上，大自然为每一个物种都规定了它们的食物和不可逾越的行为规范。比如，植物吸收土壤里的营养，食草动物吃植物，食肉动物吃食草动物；食肉动物死了，又成为食腐动物、猛禽、蝇虫乃至微生物的食物，最后被分解成土壤中的营养，如此往复。这是一条正规的食物链，我们人类也在其中。但是，由于人类的好奇、贪欲和为所欲为，试图用自己的力量改变这一切，使自己过得更加轻松。事实证明，人类得到了致命的惩罚，这就是报应。

大自然终究是令人敬畏的，是不容糊弄的。我们人类都是大自然中的一员，我们今天的行为必定要影响我们的未来和我们的命运。我们现在正在遭受报应，而且这报应一点也不神秘。我们随地吐痰，不排队；我们遇到胡吃海喝珍稀野生动物的事都假装看不见。这些严重缺乏公德的行为遭到的报应还少吗？我们被人家看不起。我们自己的生活环境和健康质量下降，使得每个人都生活在一个他不喜欢的世界里，这就是报应。

2003 年，辽宁省辽阳县甜水乡塔弯村，有个经常吃蛇的人，得了一场大病，浑身长出蛇鳞，经常蜕皮，喜欢泡在水缸中。爬着走路并像蛇一样吐舌头，整天盘在炕上。迷信者说他是"蛇仙附体"了。

最后的呼吁

素有"冠状病毒之父"之称的中国台湾学者赖明诏表示，大部分的病毒，都是由动物传给人类的，艾滋病毒是猴子传染的，埃波拉病毒也是如此。唯独天花病毒，只有人类身上才有。其他病毒从动物身上传给人类后，经过基因突变，人类便受到感染，且极难治愈，有很高的死亡率。

他还指出，因为病毒在动物身上，人若不和动物接触自然没事，但因为人口太多，与动物接触频繁后，病毒自然会产生突变能力，适应不同环境，感染人类后继续繁殖，引起重大疾病，再经由人与人接触彼此传染，最后引发大流行。

他认为，在这场人和细菌、病毒的战争中，人类赢不了病毒或细菌。他说，人类发明抗生素药物，又滥用抗生素，使细菌产生抗药性从而队伍愈来愈壮大；人类开发环境，侵扰大自然，病毒的反噬永无止境。人类要学着与病毒和平共存，不要去侵犯自然界，就能相安无事。

他分析，以禽流感为例，病毒基因称为 RNA，有 8 段基因体，和禽流感病毒基因体随时可以交换，就会突变成人的流感病毒。当一个细胞被病毒感染之后，几个小时之后病毒就开始繁殖。禽流感的病毒称为 H5N1，和人类的流感病毒 H3N2、H3N1 是基因体交换的产物。不同的基因体是从不同的流感病毒来的，如果这些基因体变成人的流感病毒基因体，就会生成人的流感病毒。艾滋病、出血热与猴子有关；猫抓病则来自猫科动物；莱姆病来自三十余种野生动物和多种家禽；十余年的疯牛病让英国举国不宁……对于食尽天下野味的国人，动物们似乎正以 SARS 病毒报复着我们，这难道是我们咎由自取？要克制这些不断衍生的怪病，研发新药只是治标和暂时的方法，治本之道还是要尊重自然。保持动物和人类应有的距离和空间，才是降低威胁的最佳方法。

在生态文明时代，人类应选择一种与自然和谐共处的发展方式，即可持续发展方式，既使人类的发展需要得到满足，又使自然界的生态系统得到最大限度的保护。建设生态文明，是我们的未来和理想。

要实现这个目标，需要全社会的参与。这不是天方夜谭，而是无数个无辜的人用死亡，无数个严谨的科学家用调查和研究证明了的事实。

它在警告我们：如果我们不想以人类的生命为代价，就不要利令智昏地去改变那些不该改变的事情。

断翅王蝶的飞翔奇迹

感　动

　　美洲王蝶是一种色彩斑斓的美丽蝴蝶。为躲避加拿大和美国的冬季严寒，数以亿计的王蝶每年都要南迁到墨西哥的温暖森林里繁衍生息。在漫长的迁徙路上，处处潜藏着凶险：崇山峻岭间的风霜严寒、大海上的狂风暴雨、沙漠中的烈日干旱……一对健壮有力的翅膀，是每一只王蝶穿越艰难险阻的生命之帆。

　　2008 年 11 月，墨西哥昆虫学家梅里在对美洲王蝶进行研究时，偶然发现了一只奇特的王蝶：它的翅膀本来已经折断了，却被人为地修复过。这让这只本来会夭折在飞行路上的蝴蝶，能够奇迹般地飞到墨西哥。而王蝶的数量是要以亿计算的，是谁拯救了这亿万大军中的一只弱小的生命？

　　梅里把自己发现这只王蝶的经过，命名为"一只美洲王蝶的飞翔奇迹"，发在了互联网上。他没有想到，一个星期以后，自己竟收到了一个叫作勃兰特的美国人的回复。

　　2008年10月中旬，勃兰特在骑自行车赶路的途中偶然发现路边有一只飞不动的蝴蝶，这引起了他的好奇心。当他凑近蝴蝶时，才发现它的翅膀已经折断，再也无法飞行了。勃兰特顿生怜爱之心，他决定，要帮助它重新飞起来。勃兰特把它装进一个空水壶里，带回家后用腐烂的梨和自制的稀释蜂蜜细心地喂养它。几天以后，这只蝴蝶的体力得到恢复，但却因为翅膀折断，依然无法飞翔。

　　如何能让断翅的蝴蝶重新飞起来，这是一个难题。他在网上进行求助，没想到，佛罗里达州的一家美洲王蝶基金会听说这件事后，立刻向勃兰特提供了一个长约9分钟的视频，这个视频详细演示了修补蝴蝶破损翅膀的方法和过程。

　　勃兰特成功地修复了蝴蝶的翅膀，它已经能在屋子里自由飞舞了。

　　当他要将蝴蝶放飞时，天气却变得很冷了。如何能让蝴蝶到南方去越冬，这又成了勃兰特的一个难题。这时，一位蝴蝶专家打电话给勃兰特，说他可以托人把蝴蝶送往南方。

　　这让勃兰特看到了希望，他把蝴蝶装在一个鞋盒里，然后到高速公路边的一个卡车停靠站，寻找南行的卡车司机。

　　过路的司机听完勃兰特的述说后，都希望能为这只蝴蝶尽一份力量。最终，他们联系到一位前往佛罗里达州的卡车司机，蝴蝶随卡车上路了。两天以后，这位司机终于追上了正在南迁的蝴蝶大军。他在佛罗里达州放飞了蝴蝶，并打电话告诉勃兰特。他祝愿这只蝴蝶能和它的同伴一样，平安飞抵墨西哥。

　　救助和关心过这只蝴蝶的人们，不知道这只可爱的生灵能否平安飞抵墨西哥，但是他们都为它祝福着。而听说梅里在墨西哥发现这只蝴蝶的消息时，他们都很激动，每个人都认为这是一个生命的奇迹。

　　而听到这个救助故事的梅里，更是惊叹不已，他认为，创造了这只蝴蝶飞翔奇迹的，是无数人的爱心。

Getty Images ┊ 图

穿越火线，我去过天堂和地狱

程雪力

2019 年 3 月 30 日，四川省凉山彝族自治州木里县境内发生森林火灾。3 月 31 日下午，四川省森林消防总队凉山州支队指战员和地方扑火队员共 689 人在海拔 4000 多米的原始森林展开扑救。受瞬间风力、风向突变的影响，27 名森林消防指战员和 3 名地方扑火人员牺牲。

当时，前往凉山森林火灾现场的，有摄影师程雪力。程雪力 2007 年入伍，2012 年从战斗班班长转为新闻骨干，从事文字报道工作，2014 年转战新闻纪实摄影。2018 年 10 月退役后，仍为部队效力。

以下，就是他亲身经历的故事。

一

我至今记得自己第一次参加森林扑火时被吓得不知所措的情景。那次大火起源于四川西昌的森林，我们沿火线向东侧推进 3 千米左右，大火在 7 级乱风的作用下交叉立体燃烧，瞬间形成 100 多米高的树冠火。

作为新兵的我，开始像一只无头苍蝇到处乱撞。有个老兵怒吼："一直往下跑！"我们迅速撤离到 500 米外。一座大山的森林不到一分钟就烧着了，热浪灼人。大家连续奋战了几个昼夜，夜里轮换看守火场，好不容易找到一个挡风的休息地，天亮才发觉，靠着睡了一夜的地方竟是个坟墓。

最恐怖的是森林大火在几公里外燃烧时，你看不见火到底有多大，也不知道火什么时候会从什么方向袭来，只能听到大火的嘶吼声。比死亡更可怕的是内心的绝望，但我们没有一个人放弃，武警森林部队无论在多危险的火场上，都没有出现过逃兵。

2012 年年初，我以报道员的身份去西昌火场拍照。看到战友们累了时，我把相机扔一边，和战友们一起扑打火线。激战正酣时，战友王磊喊："滚石！滚石！"我刚转身，硕大的石块来势汹汹地砸了下来，有几块与我擦身而过，砸断了身旁的松树，我的腿也受了伤。

被石头砸伤的细节虽然已经模糊，但我一直记得战友们轮流背着我翻山越岭的情景。出院后，我下定决心真正走新闻摄影这条路，因为在原始森林里，没有社交媒体的关注，没有喝彩的掌声，连观众也没有。我要亲身经历并且用快门定格战友们共同出生入死的瞬间。

我们部队至今有 60 名官兵牺牲在抢险一线，最小的年仅 18 岁。我认为，我的战友们是和平年代距离危险最近的人。

二

2014 年 4 月，四川省西昌市开元乡发生森林火灾。战友王帅背着十几千克的装备攀爬悬崖，突然脚下一滑，就在掉下山崖的一瞬间，他抓住了一根并不粗的树枝，其他战友迅速用攀登绳将他拉了上来。我在远处用镜头将这个画面定格了。这一刻让我意识到，我们在保护森林的同时，森林也在保护我们。

2017 年 3 月，我去四川原始森林拍摄战友们扑救火灾现场。诗人李白曾在这里写下"蜀道之难，难于上青天"。

我随灭火部队爬到火场，看到一片片被大火烧毁的森林。当时明明是白天，却犹如黑夜，漆黑的浓烟笼罩在空中，天上是黑灰色的流云，还飞过几只叫声极大的乌鸦，远处传来类似爆炸的声音，身边不时有大树倒下，与电影里的世界末日别无两样。

我心里有些难受，我想象不到人们常说的天堂和地狱是什么样子，但当我看到这些被大火烧毁的森林，再想到 2016 年去大兴安岭看到的绿色森林，就有了地狱和天堂的印象。森林火灾对生态系统破坏性强，大自然往往需要 20 年甚至更久才能完成自我修复。

拍完照片后，我和战友走散了。往前走，再次走丢或被大火追赶的概率很大；往后退，如果走错路，我第二天都可能回不去，还随时面临二次燃烧的危险。去过原始森林的人都知道，里面完全一个样。当新兵时我听老兵说过，在很多年前，大兴安岭一个当地扑火队员去打水，意外失踪，至今没找到。

快绝望时，我突然想起了"老马识途"的故事。在相机里照片的帮助下，我按原路走出了原始森林。那时，我脑海里蹦出的便是人们经常问我的问题："你拍照片能当饭吃吗？"我认为时间正逐渐湮没我们的过往，也让我们忘记了来时的路，而拍照片的意义不是为了当饭吃，而是让时间永恒，提醒我们痛在哪里。这是我与时间交谈的唯一方式，毕竟不是所有东西都会被时间打败。

三

中国有四大无人区：罗布泊、阿尔金、可可西里和战友们在西藏那曲守护的羌塘。羌塘空气中氧气含量只有平原地区的30%~70%，被称为生命禁区、"世界屋脊"，人能多吸一口氧气就无比幸福。

西藏的战友们长年在平均海拔4500米以上的区域守护野生动植物，目前已有一名战士牺牲，53人因病致残，85%以上的官兵患有高原性疾病……2017年7月，我去那曲采访。刚下车，我就被恶劣的环境和战士们一张张通红的脸庞震撼了！但深入沟通后我发现，原来最艰辛的是战友们的妻儿。战友孙治国夫妇两地分居10年，妻子朱阿莎说，女儿两岁时，丈夫回家探亲，让女儿感到迷惑了。

女儿问："妈妈，天黑了，爸爸怎么还在咱们家呢？"妈妈回答："这就是爸爸的家呀！""不是的，天黑了，他为什么不回自己的家呢？"

"爸爸"对于这个孩子只是一个称呼。女儿4岁时，幼儿园的小朋友都质疑她没有爸爸，因为从没见过爸爸来接她。朱阿莎听到女儿的委屈，泪流满面。

1980年，羌塘无人区有100多万只藏羚羊，1995年仅剩6万只。正是由于战士们无私的付出，目前藏羚羊的数量已超过20万只。那些一度面临灭绝的雪域精灵又回来了，但维护生态安全的路还很漫长。

稿子刊发后，朱阿莎的朋友圈"炸开了锅"，她的同事看哭了。她发消息给我：“谢谢你的关注。”这让我明白，所有故事的核心一定是人，体现人的存在就要关注细节。不仅要关心集体中的个体，更要关注默默支撑个体的人，这是细节的沃土。

2018 年是我参军的第 11 年，我走过最偏远的大兴安岭腹地、最艰苦的“世界屋脊”——青藏高原，去了“难于上青天”的蜀道、天山山脉、中缅边界……参与了地震、洪水、泥石流灾害的抢险，扑救了 119 场森林火灾。

这些经历并没有让我变得更勇敢，反而让我感到脆弱和渺小。

北极下起"塑料雪"

李 雪

人们心目中洁白无瑕的北极下起"塑料雪",这是怎么回事?

据媒体报道,研究人员在北极发现了塑料微粒的踪迹,数量之大令人震惊。尽管北极人迹罕至,但每一升雪中大约有超过1万颗塑料微粒。这意味着,即使在北极,人们也可能从空气中吸入塑料微粒,而目前塑料微粒对健康有何影响尚不清楚。

北极惊现塑料微粒

塑料制品给现代生活带来了极大的便利,在生活中随处可见,但它们会降解成大小不等的塑料微粒。一般而言,塑料微粒的直径小于5毫米。这些塑料微粒在陆地上比比皆是,也被发现存在于河流和海洋中。但如今,科学家在洁白无瑕的北极也发现了它们的身影。

据美联社报道，来自德国和瑞士的科学家表示，他们在北极的雪中发现了大量塑料微粒，同时还发现了橡胶颗粒和纤维。

这一研究结果发表在近期的《科学进展》杂志上。据英国广播公司（BBC）报道，研究人员采用一种低技术含量的方法，用一把勺子和一个烧瓶，从北极、德国北部、巴伐利亚、瑞士阿尔卑斯山脉以及北海的黑尔戈兰岛等地收集了雪样本。

研究人员利用专门分析程序，对雪样本进行检测。在所有样本中，巴伐利亚阿尔卑斯山脉雪样本的塑料微粒含量最高，其中一个样品每一升雪中含有超过 15 万颗塑料微粒。相比之下，北极雪样本的污染程度虽较低，但数字仍触目惊心：该样本来自格陵兰岛东部弗拉姆海峡的一块浮冰，每一升大约含 1.4 万颗塑料微粒，在分析的雪样本浓度中排在第三位。

"尽管我们预计到会发现污染，但塑料微粒如此之多依然让我们震惊。"德国阿尔弗雷德·魏格纳研究所研究人员梅勒妮·伯格曼如此说，"很明显，雪中的大部分塑料微粒来自空气。"

经大气层"长途转移"

北极被视为地球上最原始的环境之一，塑料微粒是怎么到达北极的呢？

研究人员认为，塑料微粒被风吹来吹去，然后通过某种目前尚未明确的机制，通过大气层进行"长途转移"，然后通过降水或降雪等形式，被"冲刷"下来。

美联社报道称，新研究表明，塑料微粒与尘埃、花粉、汽车废气中的微粒一样，可随空气飘散。塑料微粒正在被吸入大气，并被带到地球上一些较为偏远的角落。研究人员推测，北极的一些污染可能源自船只与冰面的摩擦，也可能与风力涡轮机有关。至于纤维，则可能来自人们的衣服，但目前尚无法确定。

挪威大气研究所的苏菲博士认为，一些颗粒污染是局部的，一些则是从远处飘来的。"在我看来，我们正在分析和监测的大部分污染物，是从欧洲、亚洲和世界各地远距离'运输'而来的，其中一些化学物质对生态系统和活着的动物都具有威胁。"

"我们不得不问，"伯格曼呼吁说，"我们真的需要这么多塑料包装吗？我们使用的涂料中需要所有的聚合物吗？我们能设计出不同的汽车轮胎吗？这些都是重要的问题。"

潜在影响引发关注

挪威科技大学生物学家马丁·瓦格纳表示，研究结果显示污染物浓度数值较高，部分原因可能在于研究人员所使用的方法，这种方法使他们能够识别小至11微米的塑料微粒——这比人类一根头发的直径还要小。

"这很重要，因为到目前为止，大多数研究都着眼于更大的塑料微粒，"瓦格纳说，"基于此，我认为我们大大低估了环境中实际塑料微粒的含量。"

"重要的是，这项研究表明，大气运输是一个连续的过程，会带着塑料微粒四处移动，并且可能是长距离和全球性的。"瓦格纳补充说。另外，雪可能是塑料微粒的重要储存器，融化时会释放塑料微粒，这一点以前从未被研究过。

尽管人们越来越关注塑料微粒对环境的影响，但目前科学家尚未确定塑料微粒可能对人类和野生动物产生什么影响。研究人员提醒，作为污染源，塑料微粒在空气中的分布一直被忽略，但是，"我们真的需要知道塑料微粒会对人类产生什么影响，特别是考虑到我们呼吸时吸入的空气"。

　　这一最新研究对那些认为北极是地球上最后一方"净土"的人来说，可能十分沉重。当地一名居民说："这让我十分伤心，之前是海冰里有塑料，海水和海滩上有塑料，现在是雪里有塑料。在这里，我们每天目睹它的美丽，看到它发生如此大的变化，看到它被污染，这让人痛心。"

最糟糕的发明

林光如

在一次名人访问中，被问及 20 世纪最重要的发明是什么时，有人说是电脑，有人说是汽车，等等。但新加坡资政李光耀却说是冷气机。他解释，如果没有冷气，热带地区如东南亚国家，就不可能有高的生产力，就不可能达到今天的生活水准。他的回答实事求是，有理有据。看了有关报道，我突发奇想：为什么没有记者问："20 世纪最糟糕的发明是什么？" 2002 年 10 月中旬，英国《卫报》就评出了 "人类最糟糕的发明"。获此 "殊荣" 的，就是人们每天大量使用的塑料袋。

诞生于 20 世纪 30 年代的塑料袋，其家族包括聚苯乙烯快餐饭盒、塑料包装纸、塑料餐用杯盘、电器充填发泡填塞物、塑料饮料瓶、酸奶杯、雪糕杯，等等。这些废弃物形成的垃圾，数量多、体积大、重量轻、不降解，给治理工作带来很多技术难题和社会问题。

　　比如，散落在田间、路边及草丛中的发泡胶快餐盒，一旦被牲畜吞食，就会危及健康甚至导致死亡。填埋废弃塑料袋、发泡胶快餐盒的土地，不能生长庄稼和树木，造成土地板结，而焚烧处理这些塑料垃圾，则会释放出多种化学有毒气体，其中一种称为二恶英的化合物，毒性极大。此外，在生产塑料袋、发泡胶餐盒的过程中使用的氟里昂，对人体免疫系统和生态环境造成的破坏也极为严重。研究还表明，在温度超过 85 摄氏度的条件下，使用塑料袋和发泡餐具，其溶出的有毒物质危害人体健康。凡此种种，表明塑料袋获"最糟糕的发明"确属"实至名归"。

北极烟霞

毕淑敏

2008年我乘船环游世界，归来后有种很意外的感觉——地球并不像想象的那么大。乘着轮船缓缓地一天天走过，大约100天，就可以绕地球一周了。地球上的所有人，打断骨头连着筋，真是休戚相关。地球的环境，每个国家都脱不了干系。

在甲板上聊天时，专家曾问我："您觉得北极的空气如何？"

我说："非常好啊。咱没带仪器，不然测一下PM2.5，估计是个位数，是0也说不定。"

专家说："现在是北极的夏天，大气的环流对净化北极的空气有利，所以才有如此清冽之感。如果是冬天，情形便不一样，会出现污染。"

我说："为何？此地没有人烟，也没有工矿，为什么到了冬天情形会变坏？"

专家说："人造污染物会随着大气及洋流，聚集到北极地区。北极地区许多污染物的含量，比人口密集的都市还要高。冬天到北极来的人，也许会看到北极烟霞。"

"北极烟霞是什么？美丽吗？如烟的霞光？如霞的烟？"我很好奇地问。

"烟霞"这个词，我是第二次听到。上一次是在 20 年前的中国澳门。当地一位朋友说，天气预报中，常常会出现"烟霞"这个词。我以为它是一种神奇景观，未曾细问，至今不知何意。却不想在人迹罕至的北极核心区域，又邂逅烟霞。

专家说："别看'烟霞'这个词很好听，但它的本意，指的是抽鸦片时吞云吐雾的产物。"

我吓了一跳："地老天荒之处，还和毒品有关？"

专家苦笑道："现代意义上的北极烟霞就是咱们常说的雾霾啊！由于北极冬季平稳酷寒，含微粒的云团在空中悬浮稳固，久降不下。从南边中纬度地区大气中飘移过来的二氧化碳、二氧化硫、氟利昂、烟尘和农药等污染物，与之结合形成雾霾，会持续笼罩在极地上空。"

北极原来当然是没有烟霞的。烟霞从 20 世纪 50 年代开始出现，主要是欧洲工业国家和苏联工业排放污染物造成的。加之每年都有大量候鸟飞来北极，它们的粪便中携带的汞和杀虫剂等化学成分，也持续污染北极环境。

专家陷入长久的沉默，我也无语。

想起海明威在他的小说《丧钟为谁而鸣》的题记中，曾引用过英国 17 世纪诗人约翰·堂恩的诗歌片段：

谁都不是一座岛屿，自成一体

　　每个人都是欧洲大陆的一小块，那本土的一部分

　　如果一块泥巴被海浪冲掉，欧洲就小了一点

　　如果一座海岬，如果你朋友或你自己的庄园被冲掉，也是如此

　　任何人的死亡使我有所缺损，因为我与人类难解难分

　　所以千万不必去打听丧钟为谁而鸣

　　丧钟为你而鸣

　　这样说来，北极地区的长治久安，凡地球人都有责任。世界上的许多国家，都远离北极圈。不过，国界是地图上人为画出的切分边界的线条，地球却是浑然的整体。北极的气候、海流、海冰、物种等，吹拂、游弋、奔流、生存……完全不受国界限制。大北极不应有"小圈子"，地球人须秉持大格局观。为了北极的将来，为了整个人类的福祉，地球人都应该关注北极，整体规划北极，妥善保护北极。

　　英国著名海洋专家、剑桥大学教授彼得·维德汉姆曾说，北冰洋海冰正在快速缩减，面积每 10 年减少大约 11%。到 2030 年左右，如果你去北冰洋，可能就看不到任何冰了，而是一片海洋。

　　根据美国国家冰雪数据中心发布的数据，北极海冰面积在 2016 年 9 月 10 日达到最低水平，与 20 世纪 70 年代末相比缩减了 40%。

　　随着船只向北不断深入，海冰逐渐增多。受航行扰动，一块块海冰在四周快乐翻滚，晶莹地反射着太阳的光芒。北冰洋，宛若一锅沸腾的蓝钻石。

　　蓝是越纯粹越精彩的颜色。天空和孕育生命的海洋，都是这个颜色，便把它从凡俗的色彩，提升到神圣范畴。

　　真怕有一天，人们再也见不到北极的蓝色海冰了。

地球上到底有多少碳

袁　越

　　美国国家航空航天局发布的图片显示：1986 年的奥克冰川是一片纯白色区域，2019 年的奥克冰川只剩下零星的薄冰块地球生命属于碳基生命，碳无疑是地球上最重要的元素。那么，地球上到底有多少碳呢？如此重要的问题却一直没有准确答案，只有一个估算。

　　大约 10 年前，来自全球数十个国家的 1000 多名地质科学家决定联合起来，向这个问题发起挑战。他们在全球几乎所有的火山和地质活跃带上安装了测量仪器，以记录从地下释放出来的碳（主要为二氧化碳和一氧化碳）的总量，然后将这些数据汇总起来进行分析，得出 18.5 亿吉吨（1 吉吨等于 10 亿吨）这个数字，这就是地球上所有碳元素的总量。

　　其中绝大部分碳被深深地埋在地下，地表部分（包括海洋、土壤和

黎 青｜图

大气层）含有的碳总量仅为 4.35 万吉吨，在地球总碳量中的比重极小。

所有地表碳当中，埋藏在海底深处的碳约为 3.7 万吉吨，约占 85.1%；海洋生物沉积物中的碳总量为 3000 吉吨，约占 6.9%；陆地生态系统中的总碳量约为 2000 吉吨，约占 4.6%；海洋表层中含有的碳约为 900 吉吨，约占 2%；大气层中含有的碳总量为 590 吉吨，仅占地表碳总量的 1.4%。

从这个角度来看，我们脚下的地球活像一枚定时炸弹，隐藏着巨大的风险。幸亏地球上有碳循环，把地球大气层中的碳总量维持在一个相对稳定的水平上，生命才得以延续至今。

碳循环的细节相当复杂，作为普通读者，我们只需知道这个循环主要由两部分组成。首先，大气中的二氧化碳因光合作用进入生物的身体，其中的一部分生物碳随着海洋生物的尸体沉入海底，再因板块运动而被埋入地下。其次，埋在地下的碳由于地质运动被重新翻到地表，然后随着火山喷发被重新释放到大气层中，供植物吸收利用。地球的大气温度之所以能够保持相对稳定，主要原因就是，最近这5亿年来，地球的地质活动相对稳定，使得每年通过火山喷发而释放到大气层中的碳维持在2.8亿~3.6亿吨的水平上，正好和沉入地下的生物碳的总量差不多。

地质研究显示，在过去这5亿年的时间里，地球的碳循环平衡曾经遭到5次严重的破坏，其中就包括发生在6500万年前的那次小行星撞击地球事件。当时有一颗直径超过10千米的小行星把地壳撞了个大窟窿，一下子释放出425吉~1400吉吨的碳。这些碳所引发的全球气候变化持续了数百年之久，导致大约75%的物种灭绝，其中就包括当时的陆上霸主——恐龙。

统计数据显示，自工业革命以来，人类通过燃烧化石能源等方式一共向大气层中释放了大约2000吉吨碳，比那次导致恐龙灭绝的小行星撞击事件所释放的碳元素总量多得多。更可怕的是，这个过程还在持续之中，目前人类活动每年排放至大气中的碳总量是火山喷发所排放的碳总量的40倍~100倍，这说明地球的碳循环已经严重失衡了。

回望上一次全球变暖

苏学良

地球变暖会怎样？人们提出了许多猜测，比如冰川融化，海平面上升。这些猜测正确吗？看一看离我们最近的暖期——上新世（距今530万年~250万年）就知道了。通过古代地质遗迹以及古生物化石的证据，科学家发现，上新世时期地球的温度比现在高，南北两极的面貌以及海平面的变化符合人们对全球变暖现象的预期。

首先，温暖的地球唤醒了北极的原始森林，将那里打造成生命的乐土。比如，在加拿大靠近北极的埃尔斯米尔岛，科学家发现了大量上新世时期的古代植物化石以及黑色木炭层。经过分析，这些树木属于温带的铁杉树种，表明当时温度比今天高出了18℃，而黑色木炭层则是森林大火留下的遗迹。又比如，在西伯利亚的苔原带，科学家也有类似的发现，上新世时期的地质沉积层中不仅有泰加森林，甚至出现了花粉，那种花一般只存在于平均温度为0℃的地区，表明当时温度比今天平均高出了10℃左右。

根据其他动植物化石以及生物亲缘关系，科学家推测，上新世时北极是一片森林，生存着大量的三趾马、巨型骆驼以及其他动物。在夏季高温时，闪电会频繁造成野火，导致火灾发生。这与目前北极气候变化的趋势是吻合的。2012年，俄罗斯的西伯利亚就有大约28万平方千米的森林被火烧毁；2015年，美国阿拉斯加州有20230平方千米的森林发生火灾；2016年夏天，在格陵兰岛西部的冻土中也爆发了一场野火。所以科学家警告我们，全球正在变暖，人们需要为未来的火灾做好准备。

其次，温暖的地球确实导致冰川的融化以及海平面的上升。科学家在南极考察时，就曾发现这里的山脉存在上新世时期海洋微生物以及海洋动物的化石，这表明当时波涛汹涌的海面已经覆盖了今天南极大陆的一部分，当时南极洲的面积肯定要小于今天。

另外，科学家曾经预测，如果全球的冰川全部融化，海平面就会上升60米。上新世的地质证据表明，这种预测也是有道理的。比如，科学家对美国北部沿海平原上的一条从北卡罗来纳州延伸到佛罗里达州的山脉进行过勘测，该山脉形成于300万年到500万年前的上新世中前期，科学家发现它曾经受到过海浪的侵蚀，表明那里曾经是沿海岸边，海拔测试表明，当时的海平面比今天的至少高出35米。由此可见，全球变暖对沿海城市来说真的是一场灾难。

渐近的冰山

程 玮

有位德国教授，每年都被邀请到中国，去各地研究地下水的问题。

上个月，在他又一次去中国之前，他对我说，他明年不想再去了。我问他为什么，他说："中国的地下水位已经很低很低，再过几年很多地区根本就没有地下水了。而且每次去考察研究，都要花掉中国很多钱，提出的方案又不被采纳，解决不了问题，太惭愧了。"

教授给了我一串数字：

如果把大自然每年能提供给人类消耗的资源，如能源、木材、饮用水、食品，还有自然能消化的垃圾设置成一个定数，在 1987 年 12 月 19 日，人类提前消耗完了自然提供给人类一年的资源。剩下来的那 12 天，人类在对自然资源进行透支。到 1995 年，这一天提前到 11 月 21 日。

在 2009 年，这一天提前到 9 月 24 日。

这是世界生态观察组织公布的数据。它表明了我们人类对大自然的透支已经越来越严重。

教授说，每当他把这些数据告诉别人的时候，人家都会大吃一惊，说："天哪！"转过身去，他们或者已经忘却，或者以为这样的问题真的只有上天才能解决。因此，人们仍然按照一贯的方式在继续他们的生活。

这就像那泰坦尼克号上醉生梦死、夜夜狂欢的人群，他们并不知道漂浮的冰山已经逼近。他们真的以为，他们拥有一艘永不沉没的巨轮。因此，那座灯火灿烂的海上宫殿在弦乐声声中，迎面撞向了巨大的冰山……

"天哪！"我也只能这么惊叫，然后继续自己的生活。因为我真的不知道我能做什么。

这是不是人类最终的悲剧呢？

辛　刚　图

举国哀悼与"永恒"坠落

[冰岛] 安德里·马纳松

舒愉棉 译

　　如何为冰川写一份悼词？试想一下，如果你从小就生活在犹如天赐、宛若永恒的冰川旁，你该如何对它的消亡说再见？

　　当美国得克萨斯州莱斯大学的学者致电，邀请我为冰岛首个消融的冰川撰写纪念碑文时，我发现自己遇到了上述问题。这让我想起美国作家库尔特·冯内古特所著的《第五号屠宰场》中我最喜欢的一段对话：

　　"当我听说有人写反战作品时，你知道我对他们讲什么？"

　　"不知道。你说啥，哈里森·斯塔尔？"

　　"我说呀，与其写反战作品，何不写反冰川的作品？"

　　他的意思是：战争总会有的，反战就像拦截冰川一样，谈何容易。

我也这样想。

　　然而，哈里森·斯塔尔，你猜怎么着？我们人类成功了。地球上几乎所有冰川都停止了生长，并且其中的大部分正以惊人的速度缩小。奥克冰川就是冰岛第一个被官方宣布死亡的冰川。在喜马拉雅山、格陵兰岛、阿尔卑斯山和冰岛，所有的冰川都在融化。按照冯内古特的说法，可以说得克萨斯州的教授邀请我撰写的其实是"前冰川"的文案。

　　这座故去的冰川的名字有多层含义。"奥克"（Ok）在冰岛语里的意思等同于英语中的"扁担"（Yoke），也就是过去挑水时用来挂水桶的长杆；除此之外，还有"负担"之意，指那些将人压垮的东西。奥克山川曾以冰的形式荷载着水，如今这些水变成海水，成了未来人类日益加重的负担。

　　按照目前的趋势，冰岛的冰川会在未来的 200 年内全部消失。奥克冰川的纪念碑是冰岛那即将消失的 400 座冰川中的第一个纪念碑。凡尔纳在《地心游记》中描述的地心入口——斯奈菲尔冰川则可能在接下来的 30 年内消失，这将会是冰岛的一个重大损失，毕竟，斯奈菲尔冰川之于冰岛犹如富士山之于日本。

　　冰岛所有冰川的消融会让全球的海平面升高 1 厘米，看上去这好像并不多；但当这一现象在全球一再发生，所产生的水潮将影响数以亿计的百姓。在所有即将消融的冰川中，最令人担忧的当数喜马拉雅冰川，因为它荷载着可供给 10 亿人口的水。

　　我的家族与冰川有着不解之缘。我的祖父母是冰岛冰川研究协会的创始人。1955 年，当我的祖父说他希望能够带我的祖母一起进行为期 3 周的冰川考察时，好些人问他是不是疯了，因为带着一个女人进行冰川考察是一件不可思议的事。后来我的祖父母和考察团在对冰川进行测量和地图标记时被困在一个小帐篷里三天三夜。"你们不觉得寒冷吗？"我

问他们。"寒冷？我们可是新婚燕尔呀。"他们回答。他们驻扎的那座冰
川在当时还没有名字，而如今它被人们称为"布鲁瓦尔本加"，意为"婀
娜的新娘"。

目前，冰岛约10%的面积是被冰川覆盖的，而冰川最厚的地方在瓦
特纳伊库尔，大约有100米厚。想象一下，将3个帝国大厦一个接一个
叠起来，再将它整个横过来沿着地平线伸展开去，这样雄伟的存在其实
很脆弱，每每想到这一点，都会让人觉得无法理解。当我的祖父母测量
那些冰川的时候，它们还是永恒不变的白色巨人，可计算一下它们在这
日渐变暖的气候里能存续的时间，再怎么往好里说也只能是前景暗淡。
绝大多数冰川如今剩下的时光仅仅能与那些现在出生并活到一个不错的
年龄的人差不多。冰川生长，然后消融，这个过程我们能够理解，可如
今发生的一切却是全线崩塌，是慢镜头下的爆炸。

这并不是我们所熟悉的大自然的变化：在冰岛，有比我还年轻的山峦，
有比布鲁克林大桥更年轻的火山口，有猛烈有力、让所有人类活动相形
见绌的火山爆发。

一次火山喷发就会喷出上百万吨的二氧化碳，我们人类又算得了什
么呢？人们不禁问道。2010年，著名的冰岛埃亚菲亚德拉火山喷发，让
欧洲国家关闭了所有的机场，但其二氧化碳排放量仅仅是一天15万吨，
而人类活动会造成每天1亿吨的排放量——人类日常活动的影响超过600
座这样的火山喷发的效果。试想，这样的火山喷发在地球上每日每夜全
年无休地进行，你还会对自己说，这对气候没有一点儿影响吗？

自然界正以惊人的速度发生变化。西伯利亚冰冻着猛犸象的冻土层
正在融化，而海洋酸化的速度达到了5000万年以来的最高峰。垂死的冰
川并不是一个戏剧性的夸张事件。冰川融化的戏剧性甚至比不上如今春

天夸张的气候：头一天还有雪，第二天就消失了。我们正身处大解冻和大消融时期，我们必须提醒自己，这些现象是不正常的，为一座名为奥克的冰川写悼词是令人难以接受的。我们要用一块纪念碑提醒自己，我们就像寓言里那只慢慢被温水煮熟的青蛙。各位"青蛙"同伴，我们正在炖自己，这该怎么办？

人类文明的一个根本缺陷是不能跳出当下进行思考。当科学家谈论 2100 年时，我们觉得那个时代和我们毫无关联。所以有时候，当我和大学生交谈时，我会请他们做一个简单的计算，做一个思想实验。我告诉他们，如果你出生在 2001 年，你可能会健康地活到 90 岁。在那个时候，你的生活里可能有一个你最喜欢的 20 岁的年轻人，也许那是你的孙子，一个你熟识并爱了 20 年的人。那么当他成为一个 90 岁的健康老人，比如可能还会跟别人说你是他生命中对他影响最大的人的那个时候，会是在哪一年？

学生们算了算，最后得出类似 2160 年这样的答案。这并不是通过抽象的计算而得到的答案，这是某些如今正身处高中或者大学的人未来的私人时光，是他们触手可及的日子。如果我们能够与一个未来的时刻像这样深度地联结在一起，那么对于科学家们做出的可能发生在 2070 年抑或 2090 年的灾难的预警，我们又会作何感想？那怎么可能还会是一个超出我们的想象、好似未来科幻小说的故事情节？

因此，在纪念奥克冰川的铜碑上，我们给这些身处未来的亲人写信说道："我们知道现在正在发生什么，也知道现在我们需要做些什么。但只有你们知道我们是否真的做了这些。"

E 时代垃圾

同 童

电子垃圾的巨大危害

电子垃圾被丢弃的速度远远超过人们找到处理方法的速度，到今天，电子垃圾的增长速度是一般家庭垃圾的三倍。

如果不是专业人士，我们很难知道这些垃圾流向何方，也不会想到我们手边的电脑是如此珍贵而又有巨大危害的材料的集合体。一个普通的阴极射线管显示器含有 1~4 千克铅，而电子垃圾，包括废弃的阴极射线管电视，是有毒重金属元素在市政垃圾中最主要的来源。

电路板上星罗棋布的金属连接点包含锑、银、铬、锌、锡和铜等金属。

电脑在垃圾处理中心被碾压成碎片，再掩埋进地下，但其中的金属元素可能渗透到土壤和地下水中。如果进行焚烧处理，它们又会产生有毒的气体，气体中不但含有有毒的金属化合物，还包含了塑料燃烧后产生的一系列致癌物质。尽管处理厂的过滤设备和除尘设备会捕捉到这些有毒物质的大部分，但哪怕只是一点点，只要扩散到大气中，就会对人类构成巨大的威胁。

经人们长期观察发现，长时间与某些电子设备中的金属元素接触，会导致儿童脑部发育异常，引起成人神经系统损伤、内分泌失调和器官功能衰退。

电池、移动电话、开关和传感器中都含有汞，液晶显示器的汞含量更高。当汞被排入水中后，会转化成甲基汞，随后，甲基汞进入食物链，经过一级一级的传递，最终进入到人体内。

聚氯乙烯（PVC）通常被用做导线的包裹材料。它是有毒的塑料，燃烧聚氯乙烯会产生含氯的有毒物质，在一定的燃烧温度范围内，它甚至可能产生臭名昭著的致癌物质——二噁英，几年前比利时的二噁英风波几乎影响了整个欧洲。

碳粉是复印机和激光打印机的消耗材料。在正常状态下，它是无害的。但是对于拆卸打印机的工人，他们可能吸入过多的碳粉，这会增加他们患肺病——特别是肺癌的概率。

电子产品生产带来的生态灾难

生产电脑和其他电子设备的过程同样引起了人们的注意。2004年，联合国大学进行了一次系统调查，发现生产一台个人台式电脑共需要1.8吨原材料，其中包括化工能源、水以及各种矿石。对美国来说，开采用于制造电子零部件的稀有金属已经成为对这个国家环境危害最大的工业产业，美国环境保护委员会列出的对环境有严重危害的企业中，大部分是金属矿石开采企业，而这些矿石基本被用来生产电路板中必需的稀有金属。

美国有自己的环境保护法，这些法律非常严格，于是其他国家成为替罪羊。为了满足对铜、金、银和钯日益扩大的需求，为了满足美国人"电气化的生活方式"，非洲和亚洲的一些国家撕裂了自己的国土。在刚果(金)的密林部落中，原住民人口已经减少到原来的一半，因为他们的家园被砍伐清理出来，为了在那些土地上开采含有铌和钽的矿石，这两种金属是生产移动电话不可或缺的原料。

世界上规模最大的几家移动通信设备生产厂商已经宣布它们会在未来几年中尽量避免使用刚果(金)生产的金属原料，以此来保护热带雨林，并让当地的生态环境得到一定程度的恢复。美国人每年要丢弃大概一亿部移动电话，尽管有许多公司在进行手机翻新业务，或把旧型号的移动电话贩卖到海外，还有大量手机被捐献给慈善机构，但仍然有几千万部移动电话的归宿是垃圾堆。

回收利用

在美国，许多民间组织致力于对电子设备的回收再利用。民间环保组织经常举办废旧电子产品回收活动，活动地址通常选在城市的公园中，只需搭建几个帐篷，里面放几张桌子就可以了。桌上摆满了人们不想要的显示器、扫描仪、电视、手机、键盘、打印机、鼠标和各种电线插座，其中大部分没有一点毛病，只是落了一些灰尘。有些被扔掉的电脑，处理器的运算速度还快得让人吃惊。

来到这里的人可以免费拿走任何需要的东西，他们在这些电子堡垒中艰难地寻找着、摸索着。所有挑剩下的会交给"平民学校"公司，这是一个非营利性的电脑回收企业，为学校和其他公共教育机构提供免费的二手电脑。但这只是对那些依然可以使用的电子设备来说的，它们会拥有新的主人，继续发挥自己的作用，而损坏的电子设备将走向不同的道路。

"平民学校"的工厂位于纽约市南部郊区一栋破旧的建筑中，在那里，连楼梯间都堆满了废旧的电脑显示器。在宽敞的工作间里，工人们要先把电脑硬件擦拭干净。在第四代奔腾处理器出现后，许多公司淘汰了使用奔腾第三代处理器的电脑，他们付给"平民学校"公司每台10美元的处理费，让他们把这些电脑运走。这些电脑整机在经过维护翻新后，会以极低的价格卖给那些缺乏高科技设备的贫困家庭。

每年，"平民学校"的工作让垃圾掩埋厂和焚化厂至少减少20万吨电子垃圾。

但工厂的另外一部分代表着电脑回收的阴暗面，数不清的显示器被碾碎变成粉末。那些已经无法修复或过时太久的戴尔、苹果等品牌的电脑，被传送带送进粉碎机。在粉碎机的甲壳下面，有磁铁、电磁铁和各种大小的筛子，它们把碎片分类，然后分别装进硬纸箱中。含铁的在这边，不含铁的在那边，塑料和玻璃分别装到不同的箱子里。

含有金属的废料可以卖给熔炼厂，分离提取各种金属；塑料可以加工成塑料颗粒循环使用，最让人头疼的就是那些含有大量铅的玻璃。

处理这些玻璃不能带来任何收入，"平民学校"公司反倒要出钱找其他专业公司处理。这些玻璃以每卡车650美元处理费的价格交给一个加工厂，这个加工厂通过熔炼和精炼等一系列复杂的工艺处理，从玻璃中分离出铅，并制成一定纯度的铅块。该公司还从汽车电池、军火和车轮中提取铅，然后，这些铅块被卖到其他加工厂，继续生产汽车电池、军火、车轮和显示器。

这家铅回收处理厂位于秘鲁的拉奥罗亚，同时还进行铜和锌的回收。1999年，秘鲁国家健康部调查发现当地99%的儿童出现了铅中毒的症状。该工厂被迫同意协助秘鲁健康部治疗中毒最深的2000名儿童，并通过实施一系列安全措施，让工人们血液中铅含量减少了31%。

但在美国，依然有60%~80%的电子垃圾被运往海外，主要目的地是中国、印度和巴基斯坦。在这些正在飞速发展的国家中，这些电子垃圾一半会被清理干净后重新贩卖，剩下的会被粉碎以提取其中的贵重金属。

发展中国家的处理方法

巴塞尔行动网络是总部设在西雅图的非政府环保组织，两年前，在绿色和平组织的协助下，他们对贵屿进行了一次调查。贵屿位于广东省汕头市，1995年以前，这里的居民还以种植稻米为生，但仅仅在几年时间里，这里就变成了广东最大的废旧电器回收集散地。

当一台电脑被运到贵屿后，它会被拆开。金属和塑料外壳被送去重新熔化；所有电线都被集中在一起，夜间，人们点燃这些电线，毫无疑问，这些塑料燃烧会产生剧毒污染物，而燃烧剩下的就是铜。连显像管这样的零件也有利用价值：人们用榔头敲下管颈上的偏转线圈，同样是为了得到金属铜，剩下的玻璃壳就随意地被丢弃，然而每一个显像管都含有大量的铅和钡。

电路板似乎更加贵重，人们在它们身上花的工夫也最多。他们首先拆下电路板上的电子元件。好一点的元件经过"翻新"重新出售，焊锡也被收集起来。然后人们把成堆的集成电路芯片投入王水（盐酸与硝酸的混合液，可以溶解金）中，从中提取出微量的金。电路板最后也要被投入到酸溶液中，溶解掉上面的铜。废酸液不经过任何处理就被排入当地的河里，调查者发现那里的土壤 pH 值已经等于 0。最后的废物是无用的玻璃纤维基板，它们随后会被烧毁，排放出二噁英这样的剧毒物质。

所有工人都没有任何有效的防护措施，他们只有橡胶手套、口罩和通风用的电风扇。大多数工人来自湖南等省，每天的工资在人民币 10 元左右。

当地环境被这些电子垃圾迅速地污染，有毒物质渗入地下，还污染了水源和空气。今天，贵屿的居民要从 30 千米外的地方运回饮用水，每天村子里都弥漫着毒气。一些人用污染的水洗菜和碗，结果他们患上了胃病。在处理电路板的工厂附近，检验的结果是：水中的污染物超过饮用水标准达数百倍。在土壤中，铅、钡等有毒重金属的含量也超标数百至数千倍。这些不断积累的化学污染导致当地新生儿畸形和婴儿死亡率升高，血液疾病和呼吸系统疾病发病率也一再增加。很多重金属元素中毒是慢性的，需要很长时间才能显现出症状。

据国内媒体估计，每年至少有 10 万车电子垃圾被运送到贵屿。由于众多原因，这种说法无法完全证实，但据观察，每天至少有数百辆装满电子垃圾的卡车开进贵屿。

我国进入电器丢弃高峰期

目前中国约有 500 万台电脑和上千万部手机已进入淘汰期；从 2003 年起，我国每年将至少有 500 万台电视机、400 万台冰箱、600 万台洗衣机要报废。

一些正规的企业比如惠普、戴尔等都有相关的回收制度，但所占比

例很小。大量电子垃圾涌向了两个渠道：收垃圾的小
贩和拆解作坊。

小贩收来的旧电器一般有两个出路：能用的改装
之后再卖到农村，这样的旧电器既有安全隐患，又对
家电市场形成冲击；不能用的，把玻璃、塑料等能卖
钱的卖了，其余的当垃圾扔掉。这些包含大量有害物
质的东西最终会被当作普通垃圾填埋或焚烧。拆解作
坊则把电子垃圾中含有的金、银、铜、锡、铬、铂、
钯等贵重金属部件"拆"出来。

在国外，电子产品的拆解是专业性很强、技术含
量很高的工作，而中国的拆解作坊回收电子垃圾蕴藏
着巨大商机。丹麦研究人员分析的结果显示，1 吨随
意搜集的电路板中，可以分离出 130 千克铜、0.45 千
克黄金、19 千克锡，仅 0.45 千克黄金就价值 6000 美元。

目前，我国许多城市正在起草处理电子垃圾的管
理办法，并有望在两年内大范围推广，这些管理办法
的特点如下：

刘 宏 图

1. 借鉴国外先进经验，规范电子垃圾回收这个新
兴产业；2. 国家给予电子垃圾回收业政策上的扶持；
3. 电子垃圾处理费用考虑由国家、企业和消费者共同
承担，但具体比例仍没有确定。确立制造商责任制，
明确制造商有义务对废旧产品回收再处理。明确零售
商有回收旧电子产品并交给制造商的义务，消费者有
将旧电子产品交给零售商，零售商有作价回收的义务。

处理电子垃圾的未来

1989 年，控制危险废物越境转移及处置的《巴塞尔公约》诞生。

1992 年，中国全国人大批准了这一公约。1995 年，近 100 个国家的代表在日内瓦经过谈判通过了全球范围内管理垃圾的《巴塞尔协定修正案》，协定规定，最迟从 1998 年起，禁止经济合作与发展组织的富国向穷国出口任何有毒垃圾，以及在那里进行再处理和再使用。但美国并没有在公约上签字。2000 年 2 月，中国政府公布了一项规定，禁止包括废电脑在内的电子垃圾进口。当年 4 月以后这类进口均属非法，但这类走私进口行为还在继续。

为什么回收再利用电脑如此困难？首先，这是一项危险的工作，费用昂贵且为劳动密集型产业，而且回收得到的产品市场需求波动不定。从国际上看，许多发达国家的生产商用各种手段把废旧的电子设备出口到国外，这些发展中国家的处理手段对环境危害更大。欧美发达国家的政府乐于投资兴建垃圾焚化处理厂和掩埋厂，而采用绿色手段回收电脑等产品的公司和组织只能依靠自给自足。在电子产品的主要生产地美国，因为有矿藏开采补助政策的存在，生产厂商更愿意购买普通原料，而非回收原料。

不论是消费者还是生产者都已经认识到处理电子垃圾的难题，许多电脑制造商已经开展了回收服务，消费者可以把不用的电子设备擦拭干净送回生产商那里。但由于回收成本过高以及不够方便快捷等原因，这样的回收服务并没有被全面推广。

也许只有加强政府的监管才能降低电子垃圾处理造成的污染。在美国的一些州，掩埋电视和电脑显示器是违法的。在加州，零售商每销售出一件电子设备，就要缴纳 6~10 美元的"后期处理费"，政府利用这笔资金处理未来产生的电子垃圾。缅因州最近也通过了一项法律，所有电视机、电脑显示器和其他电子显示设备的制造商要共同设立一项基金，用于产品回收和环境保护。

欧盟采取的政策是要求制造商负责电子产品的回收和再利用。在瑞士，回收费直接包含在电子设备的售价中。

在 2002 年的一次产业会议上，日本索尼公司的代表建议在山区挖掘深坑，露天堆积电子垃圾，规模大概是每一个大型露天坑可以容纳 720 亿台电脑。在将来缺乏资源的时候，还可以把这里当做矿藏，大量回收金、铜、铁、玻璃以及塑料。但难道这些有毒废物不会加重已经被我们严重摧残的生态系统的疾病吗？很幸运，业内代表无人赞同这一主张。或许唯一理想的解决办法是有一天，我们不论购买了什么电子设备，在它损坏或落后于时代时，我们都可以把它送回加工厂，翻新成最新的版本继续使用，这才是电子产品生产的理想发展方向。

水是人的基本权利

田　松

在炎热的夏季，走在街头，可以随便买一瓶矿泉水，按照包装上提供的信息，我们可以相信，这瓶水来自某一处山泉，或者某地多少米深的地下。这样的事情每天都在发生，发生在每个人身上，平常得引不起人们的注意。然而，按照《蓝金》作者的思想，这件事至少意味着：1. 水成为商品；2. 某一处天然水体大量地离开了它在自然中的位置；3. 这将损害水源处的人的权利；4. 这将破坏水源处的生态；5. 这将导致全球水质的进一步恶化……

《蓝金——向窃取世界水资源的公司宣战》的作者们也对地球水资源的总体情况进行了判断，这个判断与我们惯常的想象截然相反。

长期以来，水循环的概念深入人心，大部分人都相信，地球上的水是取之不尽、用之不竭的。人们把希望寄托在（未来的）科学和技术之上，相信污水治理、海水淡化等技术将会解决人的困境，并将满足人的更多需求。这种鸵鸟政策使人们依然乐观地保持着并加强着现在的生活方式。然而，在《蓝金》的两位作者看来，地球已经岌岌可危了——地球上的淡水已经到了临界状态，并且正在遭到日益严重的破坏。

如果不迅速地、果断地采取措施，人类将万劫不复。

突然间我们发现，这个世界的淡水资源正在枯竭。人类正在以惊人的速度污染和消耗一切生命之源——水。人们对水的需要越来越大，而自然水源却不可能随之增长。

比如关于淡水资源的紧缺，我们现在经常可以看到节水宣传画，但是，淡水为什么会紧缺，多数人只有总体印象，没有具体了解。节水宣传的对象往往是普通公民，似乎缺水是由于生活用水造成的。这一点虽然也是缺水的原因之一——因为世界人口在不断增长，人均用水量也在急剧增加，然而，"家庭用水和社区用水只占人类总用水量的10%"。按照《蓝金》的观点，淡水资源大幅度减少的原因有以下几种：

1. 工业用水。不但传统工业，石油生产也需要耗费大量的水，作者还特别强调了高技术企业如硅谷地区对水的大量耗费和污染。

2. 大农业用水。建立在过度灌溉之上的大农业其实是工业化农业，它使得很多江河水量减少，地下蓄水层抽空。干旱地区靠大量抽水强行绿化，从长远看将导致土壤沙化、盐碱化，得不偿失。

3. 地下蓄水层中的水被大量抽取，而得不到新鲜水的补充，地层塌陷，使全球蓄水能力不可逆转地降低。

4. 面积逐渐增大的城市、高速公路导致地球表面的硬壳化，雨水不能充分地渗入土壤，而直接流入大海，使陆地淡水缺少这部分补充。

这部分估计的数字非常庞大：如果全世界都以斯洛伐克差不多的速度城市化，"意味着全球每年大约损失 18 000 亿立方米的淡水，同时使海平面每年增高 5 毫米"。

5. 全球气候变暖导致雪线上升，海平面上升，陆地蓄水能力下降。

6. 大量砍伐森林、湿地消失，也导致陆地蓄水能力下降。

7. 全球范围内大规模的大坝和水库改变了水的自然状态，产生若干后果：表面积增大，蒸发量大大增加，全球每年从水库蒸发掉的水量估计占人类各种主要活动淡水消耗量的 1/10；剩余水的含盐量必然增加，导致水质和土壤变化；蓄水时淹没的植物在降解时会释放大量温室气体，加重全球变暖，淡水生物多样性遭到了大规模的破坏。

耗费与污染是并存的。作者也给出了造成大量污染的若干原因，除了我们熟知的造纸、化工、农药、化肥等工农业污染外，还有一些我们并不熟悉的，比如：

1. 水库使土壤中的汞进入了食物链，富集起来，对人类直接造成了危害。案例是加拿大魁北克克里族人，他们吃了附近水库中的鱼，汞中毒比例高达 64%。

2. 大农场养殖的肉食动物，产生的大量粪便根本无法安全存放和排放，造成严重污染。

3. 全世界每年生产 2 万亿美元的化学药品，其中大部分最终将进入水源。现在每个生活在北美洲的人身上带有至少 500 种一战以前闻所未闻的化学物质。

4. 很多新兴产业都需要大量的工业用水。生产一辆小轿车需耗水 40 万升。计算机工业需要大量的去离子水来维持生产。仅在美国，工业用水将很快达到 15000 亿升，同时产生 3000 亿升的废水。

水的匮乏和污染无论对发达国家，还是对发展中国家，都造成了侵害。而无论是富国还是穷国，穷人遭到的损害更加严重。比如：在秘鲁利马市，穷人因不能享受到自来水，不得不从水商那里买水，并用可能已遭污染的水桶带回家，水价高达每立方米 3 美元；而富人家中相对洁净的自来水只需要每立方米 0.3 美元。1994 年，印度尼西亚大旱，很多居民水井干涸，但是高尔夫球场每天依然耗费 1000 立方米的水来保养草皮。1997 年到 1999 年，连续 3 年旱灾使塞浦路斯河流断水，政府下令农村用水削减一半，同时却保证该国每年 200 万游客用水不受影响。1996 年，阿尔布开克居民被要求裁减 30％用水量，设在当地的一家软件公司——英特尔公司——却被允许增加 30％的用水量，而英特尔的水费只有该市居民的 1/4。

因而，该书作者认为：在某种意义上，富人（富国）享受着人类目前这种生活结构的好处，穷人（穷国）承担着它的代价。

水的日益短缺使很多大公司认识到水本身作为商品的价值，开始在全球范围内经销水资源。这种行为得到了世界银行、国际货币基金组织以及 WTO 等国际机构的保护和支持。

"瓶装水商为了满足市场需要而到处寻找水源。他们在世界上很多乡村地区购买含水井的农田，把井水用光之后一走了之。在乌拉圭等拉丁美洲国家，外国瓶装水商买进大面积的土地，有时甚至买下整个水源系统，作为将来的储备。在很多情况下，他们抽光的不仅是所买土地的水源，而且是整个地区的水源。"于是，水的商品化就如所有矿藏开发一样，对原住民的利益造成了严重的损害，对当地的生态造成了不可逆转的破坏。

有鉴于此，作者主张：水不是商品，而是人的基本权利。

如果从地球诞生至今只有 24 小时

刘奎峰

地球诞生已有 46 亿年，先后经历了太古代、元古代、古生代、中生代，以及我们现在正处于的新生代。地质时间通常以百万年计，对普通人来说，这是一个很抽象的概念。为了向大家简明易懂地介绍地球自诞生以来的演变情况，我们把地球 46 亿年的历史浓缩为一天，即 24 小时，以大家比较熟悉的时间尺度来看地球的演化长卷。

地球于 46 亿年前诞生，这是起点，放在一天 24 小时中即是 0 点 0 分。46 亿年前至 39 亿年前这段时间是地球的诞生期，换算过来便是 0 点 0 分到 3 点 39 分。地球诞生，最初的海洋开始形成，海洋中简单的有机物生成，这是原始生命诞生的前提条件。24 小时的历史中，地球诞生占用了 3 小时 39 分钟。

地球39亿年前形成之后,一直到35亿年前,进入第二个地质年代——太古代。35亿年前至15亿年前,即5点43分到16点09分,地球处于太古代。按照现在的一天算,从早上5点43分,天刚蒙蒙亮,一直到下午4点09分,太阳开始西落,几乎整个白天地球都处于太古代。这一时期,地球属高温气候,火山活动强烈,太阳辐射强,原核生物出现,地球上出现了原始生命。

15亿年前,即16点09分,地球进入元古代,元古代结束于5亿7000万年前,即21点。地球从下午、傍晚,到天黑点灯,都处于元古代。元古代时期,真核生物、多细胞藻类和低等无脊椎动物出现,地球气温开始下降,火山活动减少,海洋面积增加。

5亿7000万年前,即21点,地球进入古生代,结束于2亿4800万年前,即22点40分。古生代下面又细分为寒武纪、奥陶纪、志留纪、泥盆纪、石炭纪和二叠纪。

寒武纪(5亿7000万年前至5亿500万年前),即21点到21点20分,大型藻类开始出现,气候比较温和。

奥陶纪(5亿500万年前至4亿3800万年前),即21点20分到21点41分,这21分钟是无脊椎动物的全盛期,气候温暖,海洋面积继续扩大。21点41分,地球上发生了第一次生物大灭绝,即奥陶纪大灭绝。这次灭绝是因为奥陶纪末期发生了一次规模较大的冰期,范围包括今天的非洲、南美洲及欧洲,由于气候变冷和海平面下降,生活在水体中的85%的无脊椎动物灭绝。

志留纪(4亿3800万年前至4亿800万年前),即21点41分到21点50分,裸蕨和陆生节肢动物出现。

泥盆纪(4亿800万年前至3亿6000万年前),即21点50分到22

点 05 分，这 15 分钟是鱼类全盛期，并出现了很多新物种，石松、木贼、真蕨出现，两栖类、无翅昆虫开始出现。志留纪和泥盆纪均气候干热，海洋开始退却。22 点 05 分，第二次生物大灭绝发生，海洋生物遭受灭顶之灾，同样也是因为气候变冷和海洋面积减小。

石炭纪（3 亿 6000 万年前至 2 亿 8600 万年前），即 22 点 05 分到 22 点 28 分，这 23 分钟是两栖类动物的全盛期，巨型有翅昆虫开始出现，气候温和潮湿，造山运动频繁。

二叠纪（2 亿 8600 万年前至 2 亿 4800 万年前），即 22 点 28 分到 22 点 40 分，气候干热，地壳褶曲，造山运动频繁。22 点 40 分，第三次生物大灭绝发生，超过 95% 的生物灭绝。这次大灭绝使得占领海洋近 3 亿年的主要生物从此衰败并消失，让位于新生物种类，生态系统也获得了一次最彻底的更新，为恐龙等爬行类动物的进化铺平了道路。科学界普遍认为，这一大灭绝是地球历史从古生代向中生代转折的里程碑。

从 21 点到 22 点 40 分持续了 1 个小时 40 分钟的古生代，是无脊椎动物繁盛期，鱼类、两栖类、爬虫类开始出现，绿色植物开始出现。

2 亿 4800 万年前至 6500 万年前，即 22 点 40 分到 23 点 37 分，地球处于中生代。夜已经很深，但此时的地球却异常热闹，因为恐龙的全盛时期来了。中生代下面细分为三叠纪、侏罗纪和白垩纪。

三叠纪（2 亿 4800 万年前至 2 亿 1300 万年前），即 22 点 40 分到 22 点 51 分，这 11 分钟对地球来说很重要，在这 11 分钟里恐龙和哺乳动物出现了。22 点 51 分，第四次生物大灭绝发生，大约有 76% 的生物——其中主要是海洋生物在这次灭绝中消失。

侏罗纪（2 亿 1300 万年前至 1 亿 4400 万年前），22 点 51 分到 23 点 12 分，气候温和潮湿，这 21 分钟是恐龙的全盛期，始祖鸟开始出现。

白垩纪（1亿4400万年前至6500万年前）,23点12分到23点37分，地球温度下降，地壳运动增加，内陆海及沼泽增多，开花植物和真鸟出现。

6500万年前，即23点37分，地球经历第五次物种大灭绝，75%~80%的物种灭绝。这次大灭绝事件最为著名，因为统治地球达1亿4800万年之久的恐龙时代就此终结，为哺乳动物和人类的登场提供了契机。

第五次生物大灭绝后，地球进入新生代，气候由热变冷，海洋缩小，单子叶植物、灵长类动物出现。165万年前，即23点57分，这是个重要的时刻，因为人类登上了历史舞台。在24小时的地球历史中，人类在最后3分钟才登场，最后的1分10秒，现代人类出现。

第二天会重新开始，但重新开始的第二天会是什么样子呢?

拯救地球，你可以做什么

佚 名

人类每年从地球"榨取"的农牧产品，比地球能够天然补回的多20％，也就是说，我们每年从地球抽取来种植农作物、养殖动物的养分，要14.4个月才能补充回去。

联合国开发计划署负责人为此提醒："当资源都被用光的时候，人类也就毁了。"我们提倡走可持续发展之路，就是要匡正"超用"地球现象，扩大天然资源的"生存根据地"，同时调整人类的消耗习惯。

日常生活中，我们每个人都能为保护环境做一些简单而又力所能及的事。英国《卫报》配合地球峰会推出特刊文章，介绍了拯救地球的50种简单做法，特选摘如下：

用布和缎带包扎礼品，因为两者可再利用，而且比纸和胶条更漂亮；

关小中央暖气，多穿一件衣服；当你准备给家电更新换代的时候，选择节能家电；购买小型日光灯泡，它们的使用寿命是一般灯泡的 8 倍，而且耗电很少；利用图书馆，少买书；到汽车维修站或加油站对你汽车油箱中的剩油进行回收，它里面含有铅、镍和镉；购买本地产品，或者更好是自己种食物，这样能源不会浪费在运输上；请朋友来吃饭，大量的食物比同量的单独小包装食物用的包装材料少，烹调起来耗能也少；喝自来水或过滤水，不喝瓶装水；自然晾干衣服，滚筒烘干机很费电；据测算，电视机、音响、微波炉、洗衣机等家电产品在备用状态时所消耗的电力，占家庭总用电量的 15％左右，因此，在不用这些家电时，要拔下电源插头；把你家的墙壁刷成浅色，这样可以少要一些人造光线；来顿烛光晚餐，不光可以烘托气氛，同时还能省电；经常清洁冰箱背面，布满灰尘的线圈要多消耗 30％的能量；尽量不坐飞机，飞机产生的人均二氧化碳是火车的 3 倍；带个陶瓷或金属杯子到办公室，不要用聚丙烯的杯子；用 36 张的胶卷而不是 24 张的，这样可以减少包装和冲印的浪费；取消昂贵的健身俱乐部计划，每天走着去上班；少购物，这样可以节省时间和金钱，也挽救了地球。

日常环保"五宗罪"

马 迪 编译

2009 年 12 月 7 日的哥本哈根，注定要吸引全世界的目光——各国代表齐集联合国气候变化会议上，为了阻止全球变暖而殚精竭虑。协调一致的全球行动固然必不可少，但我们也应重新审视自己的生活。

英国一位科学家提出，气候变化是从每个人的家里开始的，每个人都负有不可推卸的责任。我们应该问问自己：我够绿色环保吗？是否尽量不买瓶装水、重复利用塑料袋？这些都很好，真的。但是，一些被认为天经地义的日常习惯，经过全球几十亿人累积起来，破坏力大得惊人。以下最常见的环保五宗罪，你占了几项？

咖啡：星巴克所没有告诉你的

累了？喝杯咖啡吧。

贸易自由让咖啡供应商迅速遍布全球，如今他们又不约而同地热衷于推崇环保理念，星巴克甚至推出了一个名为"共爱地球"的公益活动，这当然不是坏事。但是星巴克没有告诉你的事实是，一杯磨制的纯黑咖啡代表着 125 克二氧化碳排放量，其中 2/3 来自生产过程。

速溶咖啡简便快捷，每包约等于 80 克二氧化碳排放量。按照西方人一天喝 6 杯咖啡的习惯，每人每年将排放超过 175 千克的二氧化碳。

咖啡加牛奶，排放量再加三成。根据世界自然基金会的计算，制作一杯普通拿铁咖啡所需的牛奶、糖和咖啡豆，总共要耗费 200 升水。所以说，如果每人少喝一杯咖啡，世界将大为改观。

厕纸：厕所里的那点儿事

可能让你感到很意外，第二名是厕纸。像咖啡公司一样，卫生纸厂家早已推出特定的产品，供那些环保意识强的消费者选择。其代表就是百分之百再生纸，每公斤再生纸可节省大约 30 升水、3 到 4 千瓦时的电力。这种纸在欧洲和拉丁美洲使用最广，但也仅占市场总额的 1/5。而美国人干脆对它不屑一顾。

每个美国人平均一年使用 23 卷厕纸，全国加起来就是 70 多亿卷。

其中仅有 1/50 是循环再生纸。估计没人想到厕所里的那点儿事给北美的森林造成了多大的压力。再生纸缺乏竞争力的原因很简单：纸的柔软蓬松度取决于木材的纤维长度。回收次数越多，纤维越短，纸也就越粗糙。参天大树变厕纸，目前依旧是不可避免的。

流行时尚：女士们请注意

要追赶流行，但也要做好循环再利用。目前在英国和美国，只有约1/4的纺织品能被重新使用或循环再造。再生纺织品有许多用途，比如作床垫填充物、提包和鞋子的里衬。但真正环保的做法还是循环使用。回收、加工再销售一件二手服装，耗费的能源仅占制作一件新衣的2%。仅在英国，每年制造纺织品就要排放300多万吨二氧化碳。

推广二手衣，可以节约大量能源，削减大量温室气体。

洗衣服：哈，懒人有理

流行时尚让许多家庭的衣服堆积如山，这种过度消费带来的另外两个大问题就是洗衣服和洗衣服所消耗的能源。我们坚信，衣领一定是白的好，气味一定要清新如春天的花朵，一切交给洗衣店才是有品质的生活。我们生活在一个"穿一次，洗一次"的文化氛围里。事实上在英国，大约只有7.5%的衣服称得上非洗不可，其余大部分都只需丢进洗衣机转一圈而已。这个习惯浪费的水、洗涤剂和能源非常惊人。

研究发现，一件涤纶衬衫的二氧化碳排放量，80%产生于清洗和烘干的过程中。如果衬衫是纯棉的，这个比率就更高了。所以，为了环保，请少洗几次衣服。

食品浪费：请温柔一点

在所有的过度消费问题中，最为困扰人类社会和全球环境的便是食物的浪费。美国家庭每年抛弃约30%的食物，总价高达480亿美元。

欧洲与美国的情况也差不多。英国每年约有670万吨粮食进了垃圾桶。

　　大部分食物和旧衣服一样，进了垃圾填埋场，自然分解并排放出大量温室气体如甲烷。被扔掉的食物里，马铃薯居于榜首，每年 35.9 万吨。

　　面包和苹果大致也是如此。肉和鱼总计超过 16 万吨，其次是 7.8 万吨的米饭和通心粉。人类浪费食物的数据如同天文数字：48 亿颗葡萄，4.8 亿盒酸奶，2 亿条熏肉……英国人每年浪费 100 亿欧元的食物，它们会产生 1500 万吨二氧化碳。

　　2008 年，英国废物及资源行动计划公布报告，研究人们为什么会丢弃如此多的食品。最常见的理由是：吃剩下的食物"很难看"。适量烹调，了解保质期，为你的冰箱制订个小计划，购物之前列个清单……这些做起来都很容易。还有最重要的是，不要肚子饿了就冲进超市乱买东西。

　　日常生活中有违环保理念的习惯数不胜数。也许你会抗议："没有厕纸这日子可怎么过啊！"没准儿也有人不喝咖啡睡不着觉。套用时下流行的一句调侃——"你，不是一个人。"没错，你是六十亿分之一。请站在地球的高度，把日常生活中的每一个行为乘以 60 亿吧，看到了今天的破坏，才有可能帮助我们选择更美好的未来。

垃圾困局

赵　威

"按照现在世界人口估算，每人每年产生 300 千克垃圾，60 年的垃圾如果全部堆放在赤道上，可堆成高 5~10 米、宽 1 千米的巨大垃圾墙。这就等于在整个地壳的岩石圈和水圈外又镶上了一个垃圾圈，它已经开始围困全球的陆地和海洋，污染全球的环境。"

2010 年 1 月 10 日，66 岁的中国环境科学院研究员赵章元出席小谷围科学讲坛。这位一直被质疑"不懂垃圾"的反垃圾焚烧派专家，站在全球生态危机的高度，剖析垃圾困局。

"垃圾已经成为一种愈演愈烈的灾难，如果真如美国科学家预测，地球正处于第六次物种大灭绝的中期，那么一定与人类自身造成的环境污染密切相关！人类也很有可能在一代人的时间内灭绝！"赵章元说，他的判断绝非耸人听闻。

太平洋上的第八大洲

一张清晰的卫星图片，将300多名现场听众的目光带到了遥远的太平洋。

从美国加利福尼亚出发，经夏威夷群岛，延伸至日本的广阔水域上，出现巨大的"绿色岛屿"，"这不是岛屿，而是垃圾带。"赵章元说，"这里正在形成全球最大的垃圾场。"这个巨大的垃圾集中地，横跨北太平洋，逐渐形成了一座"垃圾大陆"。这就是臭名昭著的"太平洋垃圾大板块"，也被称为世界"第八大洲"。

据美国某海洋研究中心估计，这块"垃圾大陆"80%为塑料垃圾。

绿色和平组织提供的数据显示，这一水域每平方千米海面就有330万件大大小小的垃圾。按目前发展速度，估计10年后其面积还将会增长10倍。

赵章元称："这些塑料制品平均寿命超过300年，很难自然分解。

若干年后，被污染的海域将会出现大量塑料沙，吸附着高于正常含量数百万倍的毒素。鱼类和海鸟误食后，将因营养不良而死亡。据绿色和平组织统计，至少有267种海洋生物受到这种毒害的严重影响。更令人担忧的是，毒害还可通过食物链扩大并传至人类。"

陆地上的垃圾毒瘤

人类活动相对较少的海洋尚且如此，人口集中的陆地就更可想而知了。垃圾填埋形成的地壳表面垃圾圈，正在围困全球。"至今所有城镇均被垃圾包围，已普遍出现了垃圾危机，并引发出社会危机。"

赵章元称，他的判断绝非耸人听闻。

全球最大的城市垃圾堆纽约 Fresh Kills 垃圾堆放场堆放 60 年，高耸入云，达到 154 米，高出自由女神像一半，每天流出百万加仑的污水。纽约市政府多次收到联邦法院的传票，控告该垃圾场的地下渗漏污染了新泽西的海滩。

2008 年 1 月，意大利南部城市那不勒斯爆发了一场罕见的垃圾危机，堆积如山的垃圾无处掩埋，气愤的民众干脆放火焚烧垃圾。

在这场消灭垃圾的抗争中，当地群众游行示威一周，清洁工人两周停止收垃圾，人们都把垃圾丢到大街上，呛人气味令人窒息，政府被迫出动军队清除垃圾。民众对政府的垃圾处理决定不满，与警方发生了冲突。这就是典型的垃圾引起的社会骚动。

"以前很不起眼的垃圾问题，今天会演变成这么大的政治问题。

垃圾逐渐成为一种愈演愈烈的灾难，人类终究面临着被垃圾埋葬的危险！"赵章元说。

中国沉重的垃圾包袱

2004 年 8 月，重庆市长生桥垃圾填埋场附近的村民阻断交通，导致垃圾无法运入。村民持续堵路，公路迅速被 4000 吨垃圾围困，占主干道一半。

2009 年 10 月 21 日，江苏省吴江市 318 国道平望段发生反对建设垃圾焚烧厂的群体性事件，市政府马上发文，停建已经准备开工的吴江市生活垃圾焚烧发电项目。

"这只是国内垃圾困局中一前一后的两个片段。"赵章元说。

据统计，全国 668 个城市垃圾年产量达到 1.2 亿吨，而且每年以 8%

的速度增长，已经占到全世界年产垃圾的 1/4 以上。全国现存的垃圾填埋场占地 5.4 亿平方米，并且仍在以每年约 3000 万平方米的速度扩展。

但城市垃圾处理的能力却没有跟上垃圾增长的速度。以北京为例，现有生活垃圾处理场地 490 处，其中大型垃圾卫生填埋场 4 座，中型垃圾卫生填埋场 3 座，已封场 104 处。累计填埋量 3206 万吨，总占地面积 10 平方千米，已经接近饱和。

垃圾场旁的人群

近年来，大型垃圾填埋场周围大多形成了高发病区，环境纠纷案件不断增多，现已发展为国内外重大环境问题的焦点之一。

赵章元称，据不完全统计，在垃圾填埋场附近，近年来患有呼吸系统类疾病、脑血栓、糖尿病、冠心病、高血压的人数和死亡人数比以前明显增多；村民家中自备吸氧装置的户数超过半数；三四十岁以上患有脑血栓的人数比例达 60%。

国际上，以焚烧为主要处理方式的垃圾焚烧发电厂，同样威胁到附近居民的健康。

据绿色和平组织《焚化炉与人类健康》研究报告，焚烧炉潜在地损害人类健康，主要表现在诱发突变、癌症、呼吸疾病、性别比例失调、先天性缺陷、多胎妊娠、心脏病、皮肤病、泌尿系统疾病、甲状腺激素变化等 10 个方面。

在英国、西班牙和日本，老式和现代化的焚烧厂雇员，均发现体内二噁英总毒性当量水平升高，影响健康。在意大利，垃圾焚烧厂附近的居民，患癌率大大增加，肺癌死亡率上升 6.7 倍；1962 年至 1992 年，一家垃圾焚烧厂的工人，胃癌死亡率增加 2.79 倍。

生态危机与生态难民

垃圾危机已经不仅仅是城市垃圾管理的问题，它已经威胁到人类赖以生存的生态环境，一场席卷全球的生态危机正在上演。

"如果未来 100 年中，地球温度平均上升 4℃，世界将面目全非，这就是对人类世界末日的一个预想。""目前全世界共有 6.34 亿人生活在海拔 10 米以下的地区，遍及全球 180 多个国家，他们将成为海平面上升的受害者。无论是多瑙河还是莱茵河，将会变成细流，甚至南极的部分区域也将会融化。"

回到现实中，青海玛多县原有 4077 个湖泊，在短短 10 年里干涸了一半。近年来，每当冬季来临，竟有 630 多户被迫离家出走，成批牧民沦为"生态难民"。

赵章元称，在引发全球气候变化和生态破坏的进程中，垃圾的贡献可谓"功不可没"。

第六次物种大灭绝?

人类活动长期消耗大量自然资源，有近 1/4 的资源消耗都变成了垃圾和废弃物，散布在环境中，污染着环境。二氧化碳、一氧化氮、甲烷的排放增多，使环境温度升高，洪涝干旱灾害频发，都在加剧人类赖以生存的生态系统的恶化。

赵章元预测，照此发展下去，到 21 世纪中叶，地球的生态很可能将面临崩溃境地。统计表明，在刚刚过去的百年里，地球物种灭绝的速度比工业革命前至少加快了数十倍。"人类根据身体的承受力制定出了污染物含量的最大值（环境质量标准）。若改变了这种组成或超过了环境标准，人类就不能很快适应。不能适应者,终究是要被淘汰的。"赵章元忧心忡忡。

"人类不会如此快速适应被恶化的环境,至少需要一个相当漫长的地质史段。如果真的像美国科学家预测的那样,地球第六次物种大灭绝一定与人类自身造成的环境污染密切相关!人类有可能成为生物界发展的最高阶段和最后阶段!"赵章元判断。

目前已经出现在我们身边的是,人类发病率在高速上升,生育能力在高速下降。这与我们工业化百年来环境恶化的速度有相当密切的相关性。综合分析发现,我国患生殖类疾病人数在迅速递增,不育不孕夫妇的比例已到10%~15%,加上诸多的胚胎停止发育和出生缺陷者,使得生育能力在迅速降低。如果不采取措施,再过50年,很多人将不能生育。美国一位教授甚至预言,到2040年,美国将有一半的男人没有生育能力。

人类究竟能否防止地球上再次出现"寂静"?主宰人类命运的最终还是人类自己,是人类自己的行动和智慧。

黎 青 图

建筑垃圾正在吞噬我们的城市

林　衍

在北京待了 20 年，徐福生因为拆迁已经搬了十几次家："从四环被撵到了五环，马上要被撵去六环了。"

不过每次"被搬家"，徐福生都很高兴。这位做建筑垃圾回收的生意人表示："还要拆，就还有生意做。"

在徐福生眼里，建筑垃圾也分三六九等：施工现场废弃的破旧门窗、泡沫板、铜铝铁都是好东西；渣土、碎砖石则是真正的垃圾——"连我们捡破烂的都不要，还有谁会要？"

答案是土地。

美国加州大学伯克利分校的地理系博士高世扬花了近 1 年时间，调查了北京建筑垃圾的回收情况。他得出了一组惊人的数据：在北京每年产生的 4000 万吨建筑垃圾中，回收利用的还不到 40％，其余都以填埋的方式进行了处理。

这一数字远高于北京每年 700 万吨的生活垃圾产出量。换句话说，就在我们为生活垃圾的处理问题焦头烂额时，建筑垃圾正如一头无人约束的猛兽，悄悄地吞噬着我们的城市。

"无人约束"高世扬再三强调。据他调查，只有 10％ 的建筑垃圾会被运往消纳场所，其余的或被随意倾倒，或被运往非法运营的填埋地进行处理。

每年都像是发生过一场大地震

2003 年，徐福生发现建筑废品的产生量和需求量同时大增，就将事业重点从生活垃圾转向了建筑垃圾。

后来，他听说那一年正是围绕北京 2008 年奥运会进行的城市建设启动年。从那一年开始，北京的建筑垃圾年产生量从 3000 万吨激增至 4000 万吨，超过了英国和法国一年的数量。

对此，北京城市管理学会副秘书长刘欣葵解释说，城市化的大开发是建筑垃圾激增的主要原因。

"随着城市化的推进,建筑垃圾的产生是必然现象。"刘欣葵告诉记者，"但问题是，是否一定要以这么高的建筑垃圾产出量作为发展的代价？"

在一份由北京工业大学材料科学与工程学院副院长崔素萍撰写的《北京市建筑垃圾处置现状与资源化》报告中，记者发现，因老旧城区拆迁和市政工程动迁产生的建筑垃圾约占建筑垃圾总量的 75％ 以上，而因意外原因造成建筑坍塌以及建筑装潢产生的建筑垃圾约占总量的 25％。

根据行业标准，不同的来源直接关系到建筑垃圾的产生量。以每万平方米计算，建造这么大面积的房屋将产生500~600吨垃圾，如果拆除同样面积的旧建筑，垃圾产生量就将多13倍以上，高到7000~1.2万吨。

刘欣葵指出，很多老旧城区的建筑并未到达50年的标准使用寿命，可以通过内部改造的方式完成城市化所需要的功能置换。"在技术上100％可以做到，但在现实中很难实现。"刘欣葵说。

哈尔滨工业大学建筑学院的周立军教授对此深有感触。他的研究团队用了1年时间为一条历史街区设计改造方案，可以"不伤一兵一卒"地将住宅区转化为商业区。但最终，他们的方案在开发商的手里夭折，历史街区变成了商业街。

"只剩下一堵花了几百万元保留下的古墙，他们说这代表了对街区的保护。"周立军回忆，"其他的都没有留下。其实，本可以什么都留下的。"

"留下的是无人问津的建筑垃圾山！"高世扬愤怒地展示他拍到的照片：被随意倾倒的碎砖石堆成了小山，就像一座刚刚遭遇了地震袭击的城市。

在一次实地勘探的过程中，高世扬遇到了中央电视台的摄制组。

他们打算拍摄地震中救人的场面，就把拍摄地点选在了垃圾场。

如果按照建筑垃圾的产生量计算，北京每年都像是发生过一场大地震。1995年的日本神户大地震产生建筑垃圾1850万吨，1999年的中国台湾地区大地震产生建筑垃圾2000万吨,唯一"无法比拟"的是产生了1.7亿吨建筑垃圾的汶川特大地震。

"再加上广州、上海，就差不了多少了吧！"高世扬开了个小玩笑，但随即绷紧了面孔，"其实，这都是灾难。"

5 个人和 4000 万吨建筑垃圾的战斗

偷运建筑垃圾是秦伟的工作。

白天，他和工地的工头们谈好价格，"看运距远近，一车 200 元，熟人便宜 20 元"。一入夜，他那辆花 4 万元买的二手卡车就会奔驰在五环路上，往返于工地和填埋场之间。所谓的填埋场都是当地村民承包的，消纳程序很简单，"倒进坑里就得了"。顺利的话，秦伟一夜能倒 3 车。

早在 2004 年，北京市市政管理委员会就颁布了《关于加强城乡生活垃圾和建筑垃圾管理工作的通知》。通知要求建筑垃圾的产生单位，要到工地所在区的渣土管理部门办理渣土消纳手续，并申报车辆，在规定的时间内按照指定的路线把渣土运输到指定的消纳场，然后进行填埋等处理。

但在调查中，高世扬发现，北京市垃圾渣土管理处渣土办公室只有 5 名工作人员——"这是 5 个人和 4000 万吨建筑垃圾的战斗啊，怎么打得赢？"

一个包工头曾向北京建筑工程学院的陈家珑教授透露过该行业的潜规则。由于承载力有限，北京市指定的 20 多家正规消纳场也不愿意消纳建筑垃圾，但由于"上面规定大工地一定要与指定消纳场签署合同"，所以双方私下达成了默契，"合同照签，但是消纳场只收很少的消纳费，交换条件就是工地自行消纳"。

一条黑色的建筑垃圾消纳链就此形成。陈家珑很保守地估计，90%以上的建筑垃圾都没有通过正规渠道消纳。连秦伟都觉得垃圾真多。他告诉记者，现在"很多坑都要排号等着"，甚至那些填埋场都不再填埋，而是雇车将这些建筑垃圾运到更远的地方。

"这些建筑垃圾，就像定时炸弹一样。"曾经主持过"首都环境建设规划项目"的刘欣葵表达了她的担心。

由于缺乏有效分类，建筑垃圾中的建筑用胶、涂料和油漆不仅难以降解，还含有有害的重金属元素，长埋地下会造成地下水的污染，还会破坏土壤结构，造成地表沉降。

而最大的风险在于其占用了大量土地。根据陈家珑的计算，每万吨建筑废物占地2.5亩。未来20年，中国的建筑垃圾增长会进入高峰期，将直接加剧城市化过程中的人地冲突。

"城市化是一个外扩的过程，有朝一日，当我们需要在填埋过建筑垃圾的土地上进行建设的时候，建筑成本将大大提高。"北京建筑工程学院副总工程师刘航认为。如果缺乏规划，被填埋的建筑垃圾根本无法作为地基使用，还要面临建筑垃圾再转移的问题。

锦绣江山就要变成垃圾山

当徐福生还在琢磨回收建筑垃圾是否赚钱的时候，吴建民已经开始进行建筑垃圾再生利用项目的研发了。根据现有技术，95％以上的建筑垃圾都可以通过技术手段循环利用。

2003年，做沙石生意起家的吴建民投资6000万元人民币，建成了北京市首家建筑垃圾处理厂，并建成了年消化100万吨建筑垃圾的生产线。

让吴建民措手不及的是，原料来源成了最大的问题。由于厂子建在六环外，很少有人愿意承担过高的运费，而更习惯将建筑垃圾就近填埋。如果自主承担运费，赔得就更多了。

7年来，吴建民已亏损上千万元，工厂也已经停产。如今，唯一能让他感到"未来还有希望"的事情，就是《新闻联播》还在宣传循环经济。

据说，全国类似的建筑垃圾处理企业还有20多家，大部分都面临困境。

韩国、日本的建筑垃圾资源化率高达 90%，而我国的建筑垃圾资源化率还不到 5%。

另一组数据是，目前我国每年产生的建筑垃圾约为 3 亿吨，而 50 年到 100 年后，这一数字将增至 26 亿吨。

令陈家珑难忘的是，当得知韩国推行《建设废弃物再生促进法》的消息时，一位专家和他开玩笑："再不强制推行建筑垃圾资源化，这三千里锦绣江山就要变成三千里垃圾山了。"

刘欣葵教授则告诉记者，在北京的城市规划体系中，建筑垃圾的消纳成本并没有被纳入城市运行成本。"建房是住建委的事儿，而建筑垃圾却是市政市容委的事儿，分管的市长都不一样。"

"其实，正确的路我们走过，只是忘记了。"在调研过程中，高世扬发现，1978 年以前，在城市建设过程中拆下的城砖由规划局分配，首先要拨给有建设需要的单位进行再利用。

那时候，它们被称为拆除旧料，而不是建筑垃圾。高世扬坚持认为，是 1988 年土地市场的成立，让建筑垃圾变成了市政市容问题，土地开发则成为城市发展的重心。

"建筑垃圾就是钱的问题！"徐福生扳着手指头计算着，"能生钱的就要重视，不能生钱的当然没人管了。"

再过两个月，徐福生就又要搬家了。他现在住的地方被划入了"50 个即将拆迁的城中村"范围。这也意味着，他生意的旺季又要来了。只是这次，徐福生有点喜忧参半。

"再撵就有点远了，废品的运费又该提高了。"

地球人对自己的垃圾拎得清吗

TMO

垃圾分类体系各显神通

德国：细致的垃圾分类可以逼疯外地人。

印度：从源头进行垃圾分类。

很久以前，日本人就发现了废纸回收的好处，政府规定所有的文件和纸张都要被回收并制成新纸，而这种新纸会在全国各地的指定商店销售，这是"垃圾回收再利用"第一次出现在大众视野。1865 年，"救世军"在伦敦成立，开始组织民众收集、分类和回收废品。这是西方世界早期"垃圾分类"和"垃圾回收系统"理念的萌芽。

如今，垃圾分类和垃圾回收再利用的理念在世界各国都有了很好的发展，许多国家都有了自己的垃圾分类体系和回收系统。

在德国，垃圾分类是可以逼疯外地人的！在扔掉一个垃圾之前，德国人需要判断此垃圾是否还有用。

想扔旧衣物、旧家具以及旧电子产品？如果你觉得这个物品对某人还有用，请出售或者捐赠。如果无用，那请你把旧衣服放入灰色垃圾箱，旧家具请联系垃圾回收公司（收费），或者自己将它带到指定的回收中心。二手电子产品是不能扔进垃圾桶的，你需要将它们放到指定的回收点。

处理其他垃圾，请看它有无可回收标志。如果有，请放入黄色垃圾箱；如果没有，那恭喜你，可以进入下一个垃圾回收环节——识别垃圾该放入哪个颜色的垃圾箱。蓝色垃圾箱是纸和纸板的好去处，但是纸巾、油腻的比萨盒以及脏纸板等不能放入蓝色垃圾箱；绿色和白色垃圾箱是给人们放没有押金的玻璃的，但是陶瓷、水晶、花盆等不能放进这个垃圾箱；橙色垃圾箱可以放置塑料、金属垃圾，但请不要将 CD 和盒式磁带扔进去；棕色垃圾箱适用于所有可生物降解的物品；而其他的垃圾最后会被放置在灰色和黑色垃圾箱里。

印度作为世界上最大的垃圾制造国之一，每人每天平均能制造 1 至 2 千克的固体垃圾。据估计，印度每天产生大约 1.35 亿至 1.5 亿吨垃圾，其中只有 20% 被妥善处理。随着大量固体垃圾的产生，印度决定从源头实施垃圾分类。

印度的居民们需要根据垃圾的生物、化学和物理特性将垃圾分为干垃圾、湿垃圾、卫生垃圾、危险家庭垃圾和电子垃圾这五类。干垃圾是指所有不被视为污湿物品的垃圾，其中既有可回收的材料，也有不可回收的材料，比如瓶子、罐头、衣服、塑料、木材、玻璃、金属和纸张等；湿垃圾是指所有有机物品，比如食品、食品包装材料、庭院垃圾、纸巾等；

卫生垃圾是指因为人类和人类活动而被污染的液体或固体垃圾，其中也包括医疗垃圾；危险家庭垃圾是指具有腐蚀性、毒性，或者可燃、可发生化学反应的所有家庭垃圾；最后，电子垃圾，顾名思义，是指所有的二手电子产品。

弄不清垃圾分类？罚！

美国：乱扔垃圾可能面临最长达 6 年的监禁。

德国：不好好扔垃圾会被"人肉搜索"并缴纳高额垃圾清理费。

许多国家每年都要花费数百万美元来清理散落在道路边、公园里或者沿海地区的各种垃圾。对于那些随地倾倒垃圾或者胡乱分类垃圾的人，每个国家的处理方式不尽相同，除了通过各种方法来劝阻，国家还会制定相关的法律法规来对这些人进行口头教育、劳动改造甚至刑事处罚。

在美国，所有州都有属于自己的垃圾分类和回收再利用法案，其中，对于乱扔垃圾的处罚，差异很大。例如，在亚利桑那、佛罗里达和缅因等十多个州，垃圾的重量或者体积决定了刑事处罚的严重程度，而其他州更多的是关注倾倒垃圾的类型，它们会对乱扔大型垃圾（如旧家具或圣诞树等）的人进行处罚。对于较小的案件，法院通常会处以罚款，并强令违法者在规定时间内清理垃圾以及进行社区服务，罚款范围从科罗拉多州的 20 美元到马里兰州的 3 万美元不等。在更严重的情况下，违法者可能会被判处监禁，爱达荷州的刑期为 10 天，但在田纳西州，监禁时间可能长达 6 年。

德国对待垃圾分类也非常极端。在德国，如果垃圾没有被好好分类，可能会连累一大批人。比如，如果垃圾回收公司的工作人员发现某社区的垃圾没有按照规定分类处理，他们就会给这个社区的物业管理会及全

黎青 图

体居民发出警告信。如果警告信发出后情况没有改善，垃圾回收公司就会毫不犹豫地提高这片居民区的垃圾清理费。为了不缴纳更高的清理费，社区会自行组织会议并逐一排查，直到找出"犯罪嫌疑人"。

AI 时代的智能化垃圾处理

美国：智能废物分类系统实现快速管理。

波兰：人工智能垃圾桶自动分类垃圾。

芬兰：机器人废物分拣机大显神通。

在美国，垃圾处理的类型一般包括回收、堆肥、填埋、焚烧、清洁填充处理和土壤处理。在垃圾分类上，美国多家固体废物处理公司推出了智能废物分类系统、智能垃圾分类回收箱等高科技产品。

以 Citylink 的智能废物分类系统为例，Citylink 使用了"物联网＋互联网＋区块链"的技术系统，让信息处理更加高效。该系统主要以"社区普及＋精确监督＋自助激励＋回收预约"的方法实现垃圾分类。系统中的管理员和参与者都可以从系统中获取垃圾的分类信息和处理流程，管理者则根据参与者的终端监测垃圾分类的合理性，以此来实施奖惩制度，而参与者可以通过系统预约回收垃圾以赚取奖励。这项技术将政府、垃圾处理公司和社区居民紧密地联结在一起，三方都可以在系统中找到自己想要的信息。

当然，人工智能（AI）在垃圾分类流程中也有一席之地。

波兰创业公司 Bin-e 开发了一种全新的 AI 垃圾桶，这种垃圾桶通过传感器、摄像头以及 AI 图像识别算法来自动分类垃圾，用户只需要在垃圾桶前扫描一下垃圾，相应分类的舱门便会打开。不仅如此，垃圾回收公司还可以通过 App 随时检查垃圾桶的剩余空间，方便垃圾车及时清理。

而早在 2011 年，芬兰公司 ZenRobotics 就首次使用了机器人废物分拣机来进行废物管理。他们的系统结合使用了计算机视觉、机器学习等技术来指挥机器人的机械臂，以便从移动的传送带中分拣和回收可再生材料。

垃圾分类的背后

黄炎宁

从视觉冲击、情感动员、环保科普，到用政策和法理解读，国人的神经可能从来没有为垃圾绷得这么紧过。

"你是什么垃圾"

"耐人寻味的是，在21世纪，镜头已经变得无处不在，然而镜头很少对准我们食物的来源和能源的出处，以及我们制造的垃圾的去向……我们活在一种幻象里，感觉我们产生的所有废物——从排泄物、垃圾到有害废弃物，都可以凭空消失，就像我们冲马桶那样轻易。"《现实泡沫》的作者奇亚·汤汉说。在各种关于垃圾分类的网络段子中，令人印象最深刻的一个是，充当志愿者的上海阿姨对前来扔垃圾的年轻人的询问："你

（扔的）是什么垃圾？"该问句与互联网文化的自嘲精神完美契合，于是被上升为"直击灵魂深处的拷问"。另一个是按照上海市目前推行的垃圾分类准则，处理没喝完的珍珠奶茶。正确的步骤为：先撕下封口的塑料膜，倒出珍珠和其他液体残渣（归为湿垃圾），然后将塑料膜和吸管投入干垃圾桶，最后把塑料杯洗净作为可回收垃圾。这一系列操作让不少人直呼麻烦，于是大家开玩笑说，以后在上海连珍珠奶茶都不敢喝了。

可问题是，倒推一下，一杯珍珠奶茶就是这样一步步打包完成的：取塑料杯，加奶茶，加"珍珠"，加糖，封口，插吸管，套塑料袋……在一定程度上，垃圾分类迫使我们去正视商品的生产和包装过程、物质构成，以及与之对应的处理方式，而这正是我们很不习惯去做的一件事。这个时代的座右铭是"活在当下"——无须纠结过去，也不必担心未来，只需享受你现在所拥有的，也许是一杯珍珠奶茶，也许是一份外卖，也许是一部"爱疯"（苹果手机）。然而"垃圾分类"以一种出人意料的方式把我们拉回时间的三维当中，这样说来，它的确是"直击灵魂深处的拷问"。

记得我从英国完成学业动身回国前夕，曾为处理一批电子垃圾大伤脑筋。英国的垃圾回收政策规定，废电脑和废手机之类的电子垃圾必须交给居住地所在的地方管委会处理，并投入指定的回收中心。而且，还需携带住址证明才能投放电子垃圾。然而，回国前手忙脚乱的我觉得特地去打印住址证明太过麻烦，而且回收中心离我家也不近。于是，我带着一箱废电脑、扫描仪等电子垃圾来到学校，心想可以交给学校的回收中心。然而，回收中心的工作人员询问我"是哪个单位的"后，拒收了我的东西。他们说要交回院系，之后统一时间上门收走。于是兜兜转转，我最终汗流浃背地把一箱电子垃圾交给了学院的博士生管理秘书。这是我迄今为止印象最深刻的一次电子垃圾丢弃经历。繁复的过程让我意识到电子产品物质构成的特殊性和有害性，也让我开始倍加珍视当下拥有的每一台电子设备。

英国社会心理学家迈克尔·毕利格曾指出，消费主义的愉悦建立在人们对商品生产过程的集体遗忘之上；令人感到不适的生产过程往往被产品的标价和各种酷炫的产品宣传所遮蔽。在我看来，消费主义的集体遗忘也包括我们对商品成为废品后流向何方的不管不顾。看似烦琐的垃圾分类也许是个开始，它让丢弃不再那么轻易，进而也就能让我们意识到，每一件商品都是人力和物力的结晶，亦会对我们的物质环境产生实际的影响。鼓励人们反思不计后果的消费方式，并减少此类消费，应该是垃圾分类政策的最终落脚点。

但问题是，人们有闲工夫思考这些问题吗？

环保的社会分层与背后的绿色正义

"老板，我不需要塑料袋，我想更环保些，关心一下地球。"

"哦，你这想法很好呀，不过不是每个人都像你这么想。"

"我就不这么想。我连饭都吃不饱，还关心什么地球。"

以上这段对话来自我在英国的一次买菜经历，它指向的是环保行动的社会分层问题。我有奖学金资助，衣食无忧，学业之余也有精力了解全球的气候变化和污染问题。但对那些终日为生计奔波的贫困人群而言，环保问题可能就显得非常遥远。这并非意味着环保就该远离这些所谓的社会"底层"人群。全球环保运动中有个重要的概念，叫"绿色正义"。它的核心命题是：气候变暖、垃圾泛滥等环境问题对穷人以及欠发达国家和地区的负面影响，要比对富人和发达国家的大得多。因此，环保并不只是一个环境问题，也是社会资源的分配问题。

我曾经看过一部纪录片《感谢降雨》，主人公基西卢是肯尼亚的一个农民。他目睹自己的村庄因气候变化而遭遇连年的干旱和土地荒漠化。村民为了生计，只得砍伐更多的树木，造成当地环境的恶性循环。基西卢决心打破这一恶性循环。他不仅发动村民停止伐树，还尝试进行生态种植，成了一名二氧化碳减排的行动主义者，在巴黎气候大会这样的国际场合诉说肯尼亚农民的生活经历。这个故事一方面表明，所谓穷人的环保意识绝非没有觉醒的可能；另一方面，它让我们开始思考，一个围绕环境问题开展的、更加开放的对话平台该如何实现。

在中国语境下，政策制定和执行者除了推广环保理念，更需了解来自不同阶层、职业和地区的人们是如何参与或是拒绝参与环保行动的，了解他们各自面临的生活困难，而非一刀切地对垃圾分类、燃烧秸秆等问题进行罚款。

从环卫工、快递员和外卖骑手到从事其他职业的农民工，这些都市"隐形人"的想法和命运，都是我国全面推行各项环保措施不可绕开的考量要素。

同样需要引起更多关注和讨论的是各地区在环境问题上不平等的可见度。十几年前广州、厦门等大城市由白领组织的反垃圾焚烧厂和 PX 化工厂抗议，虽然体现了市民和市政府间良性的博弈和协商，但我们也需要拷问，这类被大城市拒绝的化工厂和焚烧厂最终在哪里选址？农村和中小城镇的居民是否会成为发达地区环保举措的牺牲品？

回归社群，超越"单向度的人"

绿色正义也和经济发展模式紧密相关。在《巴黎气候协定》的制定过程中，与会代表为各个国家的碳排放限额争得不可开交。发达国家把二氧化碳超标的矛头指向中国、印度等发展中国家。但也有西方的有识之士反思，英美等国既然已完成了工业化，也就完成了对地球"不可避免的污染"（这些污染如今依然持续影响着地球），而发展中国家人民的生活水平普遍较低，因此发达国家应该承担更多二氧化碳减排的义务。

这样的反思也适用于中国。作为世界第二大经济体，中国目前的人均碳排放量虽不及西方发达国家，但也早已位居发展中国家的首位，远超巴西和印度。中国部分城市和地区的发展程度已经可比肩甚至超过西方，城市居民享受着极为便利和高能耗的生活，浸淫于私家车、外卖、网购和各种电子产品构成的美丽新世界中。相应地，我们也有义务充当环保行动的急先锋。

我数次在自己的社交媒体上呼吁，为了控制垃圾的产生，应当减少网购、外卖和电子产品的更新频率。一些学经济的朋友对此却不以为然。他们担心消费欲下降会令中国经济增速放缓，产生严重的社会后果。

还有人指出，如果大家的消费越来越少，到头来失业的将是电子产品生产线上的工人，还有外卖和快递小哥等。我承认这些都是切合实际的思考，但也想到马尔库塞的"单向度的人"。马尔库塞指出，发达工业社会虽看似文化昌明，却压制了人们的否定和批判性思维，使得我们不再想象或追求与既有生活不同的另一种生活。过去30多年，GDP高速增长一直是我国从中央到地方政府追求经济发展的首要目标。与此对应，追求更加快捷和便利的生活似乎早已成为单向度的国民追求。为了地球和子孙的未来，我们是否该适当地放缓经济发展的脚步，去思考一味地求新求快会付出怎样的环境代价？

当下推行垃圾分类的难度在于，人们花了不少力气去做这件事，但获得的好处是社会公益性的，暂且看不见，也享受不到。这样不相称的投入与回报令许多习惯了市场经济运行规则的人感到陌生。

环保行动在很大程度上是反市场的。比如，雇人刷碗的成本要比使用一次性餐具大得多，因此许多餐饮经营者选择了后者。对环境这样的公共利益而言，市场调控多数时候是失灵的。因此，毋庸置疑，环保一方面需要政府行为的介入；另一方面，关于减少消费和抵制消费主义的讨论，哪怕理论上可能造成失业等社会问题，但把人类共同体的命运和我们个体的欲望联系起来，这是打破"单向度的人"必须具备的舆论基础。也只有具备了这样的基础，政府执行更为严格的限塑令才不致招来人们"这也太不方便了"的拒斥和不解。

我们太需要反思自己的"方便"会给他人和整个社会带来怎样的"不便"了。"舍小家为大家"的口号何时已经远离了我们的生活？

工业文明是环保的敌人吗

大象公会

环保的生活方式大体可分两种类型。一种是"减少型"环保观，即尽量减少能源和资源消耗，譬如不使用大排量汽车，尽量使用公共交通工具或骑自行车出行，减少生活中一切不必要的浪费，尽量重复利用资源，减少肉食。这种环保观相对温和，实行起来比较容易且成本较低。

另一种环保观相对激进。他们认为现代工业、工业化生产及其组织方式才是现代环境问题的源头，所以倾向于不直接使用或很少使用现代工业产品，而选择更"自然"的替代型消费品。譬如蔬菜只吃有机蔬菜，因为普通农产品的种植需要化肥、农药、除草剂、激素和抗生素；即使吃肉，也只选择散养的禽畜，因为集约化养殖对动物不人道且离不开现代化工业；包装器物只用牛皮纸袋或竹木制品，不用一次性塑料袋；穿衣不但拒绝动物皮草，而且只穿棉制服装，拒绝化纤制品和人造革。

由于"替代型"的生活方式成本高昂，实际上只有较富裕的人群才能负担得起。

环保生活都环保吗

"减少型"的环保方式，不但易执行，在效能上也获得公认，因为我们的消费行为会造成环境污染或环境压力，减少资源和能源的消耗，会直接减少碳排放和资源消耗。

相比之下，"替代型"的生活方式，通常并不会降低生活品质。

而且，"替代型"生活方式虽然直接减少了对现代工业的依赖——直观上它毫无疑问是现代污染的源头，但由于效率和间接原因，"替代型"生活方式并不一定符合我们的初衷。

最典型的是有机农业。从减少化工产品的污染看，有机农业无疑对环境有利。但由于其生产效率极为低下，产出等量的产品要比普通农业耗费更多的耕地、淡水、能源、人工、物流、仓储成本，间接造成了更大的环境压力。

有机生菜不使用除草剂和杀虫剂，必须由人工拔草除虫，制约了农田的种植密度，消耗了更多耕地、淡水和能源，但目前没有任何数据表明有机产品更安全、更有营养。

种植有机西红柿要比种植普通西红柿消耗多 10 倍的土地和近一倍的能源，这意味着更多的碳排放。由于有机农业大多要等果实彻底成熟才能采摘，比一般农产品更难保鲜，所以不得不采用冷藏甚至航空等高耗能、高污染的运输方式——一次洲际空运的尾气碳排放量相当于普通货运汽车一年的尾气碳排放量。

　　散养禽畜也是如此。以有机肉鸡为例，鸡雏出生两天后就不再使用抗生素，为避免交叉感染，需要更大的生活空间，它们比普通肉鸡的生长周期更长，能源消耗增加了 25%，污染物排放也增加近一倍。再如有机牛奶，与普通生产方式相比，需要增加 80% 的土地，碳排放增加 16%，生产过程中的废物排放也增加了一倍。

　　避免使用化工产品，并非意味着真的摆脱了对化工业的依赖。如用棉花代替化学纤维和人造革。由于棉花是很易招惹病虫害的作物，全球 1/4 的杀虫剂都洒在棉田。除了农药污染，每千克棉花需要耗费 7 吨到 29 吨淡水，又因为纯棉衣物更易脏、更易皱，使用时会耗费更多的洗涤用品和电能。

　　纸制品替代塑料制品与之相似。塑料制品是石油化工业的重要产品，生产过程会耗费大量水电，并造成大气和水资源污染，但造纸厂和制革厂并不会更无辜。造纸需要大量的漂白剂、增白剂、荧光剂等，污水中含有氨态氮、磷化物和硫酸盐，还富含多种有机卤化物；后者在加工中需要使用甲醛、煤焦油、氰化物和多种染料，还常常使用铬盐等重金属鞣制剂，产生的污水同样毒害一方。

如果离开了工业文明

　　工业革命以来，人类对自然的影响达到了史无前例的程度，物种灭绝和环境变化足以在地质年代上构成一个全新的"人类纪"。

　　虽然工业给我们留下直观而强烈的丑陋印象——占据空间、焚烧燃料、污染排放，但工业其实一直都在保护环境，如果没有工业，自然环境会面临更加巨大的威胁。

　　今天环境污染真正的源头是日益膨胀的人口：为养活 70 多亿人，地球陆地面积的 39%（5000 万平方千米）被辟为农业生产用地。如果没有农药、化肥、抗生素，即使将所有气候适宜的森林、湖泊、草原都改为农地，也无法养活这么多的人口。

现代工业大幅提高了单位时空内的物质产出，用更少的自然资源供养了更多的人。凡是能够普及化肥、农药、除草剂和现代化灌溉的地方，人类都不会遭遇饥荒，如此巨大的全球人口只占用了地球上的少数土地。

合成氨工业通常被认为是化肥制造的起点，这直接导致了 20 世纪以来全球人口爆炸——化肥虽然对环境污染很大，但它的存亡直接决定了几十亿人口是否还能继续活着。

而不能普及化肥和农药的地区，单位土地的收成相当微薄，为满足粮食需求就不得不砍伐森林、堰塞湿地，大面积的焚烧除虫和施肥，这些举措造成的污染远大于提高其产量所导致的工业污染。

东南亚热带雨林是地球上最古老的雨林，也不幸地聚集了大量的贫困人口——1997 年，印度尼西亚农民焚烧雨林，恰逢当年雨季推迟，酿成重大火灾，烟霾绵延 3000 万平方千米，覆盖了近半个印度洋。

现代工业的另一贡献是：合金、陶瓷、塑料、橡胶、燃料、染料、香料……种种替代天然材料的工业材料，大大减少了对自然资源、农业占地和更换养护的需求，这些都间接保护了环境，抵消了相当一部分污染代价，并能让如此众多的人口不断提升自己的生活品质。

另外，现代工业和城市的集约化也大幅减少了人类对土地的占用。城市容纳了 30 亿人口，但城市和工业用地只占据了大约 350 万平方公里，不足全球陆地的 3%。

现代工业带来的工业化生产方式，也改善了我们的生活品质，降低了环保压力。因为其高效，工业国家无论是农业还是畜牧业，都已被纳入工业化和集约化的生产体系。但这些好处未必能让人直接感受到。

美国拥有全世界集约化程度最高的食品加工业，美国人餐桌上的有些食物可能来自遥远地区。一些选择"替代型"环保生活方式的人发起了在家门口寻找替代物的"100英里饮食"运动，但替代食品并非价廉物美，响应者很快发现生活质量因此严重下降，生活成本大幅提高。

现代工业和城市化与环境的关系，有时会违背我们的直觉，譬如发达国家，往往会有更大面积的林地，环境更优美。以人口密度极高的日本为例，日本在战国末期，本州岛的森林几乎被砍伐殆尽，成为发达国家后，虽然人口更多，森林面积却大幅增加。

中国也是这样的，过去30年是中国工业化和城市化发展速度最快的时期，虽然人口大幅增加，人均资源消费水平提升更是以10倍计，但中国的森林覆盖率却大幅提升，由于林地面积的增加，野生动物的数量也增加了。

最环保的方式是科技

其实，现代工业与环境保护并非势同水火，而是相辅相成，技术更先进的现代工业不但能保护环境，还能让我们拥有更加舒适的生活。

所以，减少环境破坏，只能依靠技术进步，提高能源、资源利用率，降低生产中的污染物排放，以及采用更清洁的能源，而不是减少甚至消灭工业本身。

任何践行环保主义的主张都是值得肯定的，只要其主张的结果确实能减少环境污染和环保压力。更重要的是，社会的环保压力是促使企业不断提升科技水平，减少环境污染的最直接因素。

作为个人生活方式，"减少型"的环保观确实对环保有利。只是，"减少型"环保观对改善环保的程度非常有限，毕竟适应了物质丰裕和便利生活方式后，大多数人很难不断降低自己的生活品质。

即使一个人持身甚严，经常使用自行车或公交工具，但异地旅行时，就无法避免乘坐高碳排放的飞机。常识告诉我们，自律性和社会责任意识较强的人，往往是受过高等教育和高收入的人群，他们的活动范围也更大。

践行"减少型"环保生活方式的人，虽然会在生活品质上做出局部减损与妥协，但并非意味着他们不追求生活品质，相反，他们可能是更灵敏的一群人，他们会本能地留意一切符合其生活哲学的技术进步，环保的生活本身就是一种生活品质的体验，清心寡欲更像是生活哲学和美学。

凡夫俗子尚可"绿"乎

连清川

2006年我即将告别纽约回国工作的时候，突然间找不到我的一个朋友了。他原本是《纽约客》的一个作者，曾经和我一起做过一个项目，差不多有一年时间没联系，我想至少得和他告个别。

后来有人笑着跟我说："他过绿色生活去了。"他的绿色生活，是移居到一个小岛上，带着他的孩子（他离婚单身）在那里生活。那个小岛上没有电，所以他自己发电；那个小岛上没有新鲜蔬菜可以买，所以他自己种菜。当然，那个小岛上更没有电视机，所以他不看电视。

小岛上没有老师，所以他自己教孩子。那个岛很小，只有他们父子俩。

他差不多每三个月出岛一次，购买一些生活必需品，接一些工作。

生活当然不会很舒适，毕竟，他是从纽约那样万物俱备的大都市移居过去的啊。

他是美国非常有名的环境作家，所以他觉得自己应该过这样的环保生活。

当然，即便在美国，他也是一个非常极端的例子。对于大多数的美国人来说，这样的生活有悖常理，是和现代生活格格不入的。

虽然我很钦佩他，也非常欣赏他的作品，不过我得承认我过不了他那样的生活。我和大多数的人一样，是一个凡夫俗子。

我以为，我们这样的凡夫俗子恐怕是很难对环保事业做什么贡献的。比如，拿起空调遥控器，想起我的朋友时很有负罪感（我相信其他的凡夫俗子还没有我这样的觉悟），但是无论是在广州还是在上海，我都难以忍受这温室效应下的"热情"，所以高温难耐时我还是打开了空调；我到餐馆的时候，又产生了负罪感，因为那些一次性的餐具。

可是说句实话，我们家除了带着孩子用的特殊餐具之外，我买过的外带型餐具经常忘了带出门。

然后，说句实话，我除了不断生出负罪感和想起我朋友时候的羞怯之外，我的确没有为环保事业做过什么。我是开车的，而且还想换大一点的车；我用空调，而且还想给家里没有空调的房间全都配上。

虽然我很愧疚，但我还是打算这么做。

我想这个世界上大多数的凡夫俗子和我想的是一样的，我上中学的时候骑车上学，我知道冬天骑自行车是多么痛苦的一件事情，所以有了钱就买车；我上大学的时候冬天被冻出了冻疮，知道那很疼，所以在冬天，我要把家里的空调开得大大的，让屋子里暖暖和和的，我不想让我的孩子也长冻疮，因为她的家庭条件比我小时候好多了。难道环保是为了把我们的生活变得不那么好吗？

然而我觉得这里面是有问题的。比如前几天我和一个朋友交谈,他说:"现在美国的孩子喝矿泉水,都是买 1 加仑的大瓶子,然后买一个小瓶子。一个大瓶子可以灌 10 个小瓶子,于是就省下了 9 个小瓶子。"我见过这样的孩子。

我琢磨了一下,真的,我们这些凡夫俗子实现低碳生活并不是没有可能性,只是它需要一些条件。

其一,我觉得国家不要让我们这些凡夫俗子过得那么方便。比如,自从超市里禁止用塑料袋以后,我就会带着袋子去买东西。那是我从自己口袋里掏的钱,肯定心疼。我觉得一次性餐具也可以这样,餐馆提供一次性或多次性餐具供人们选择。一双筷子一块钱,外带餐盒通通收钱,你看大家选择用什么。许多民间的生活方式,都和法规有着紧密的联系,只要政府用力,人们自然会跟着改变。

其二,我觉得我们国家也不要让汽车行业过得那么方便。现在为了发展汽车行业,我们的政策虽然一方面高呼低碳减排,另一方面却鼓励汽车消费的扩张——我猜是因为税收的原因吧。国家已经出台政策鼓励甚至补贴电动汽车的发展,对高耗油量的汽车征收额外的税——那我当然也就不准备换大一点的车了。

这样说起来,好像我们这些俗人在推卸责任——你什么都等着国家、政府来做,难道你不用为子孙负责任?其实,我说的意思是:绿色是一种生活方式,而这种生活方式与政策、法律、政治有着不可分离的关系。

我还有一句话,我知道我们肩上背负着对后代的责任,所以我们要去节约水,节约电,少开空调,少用一次性餐具,但请不要把责任全都推卸到我们的身上。因为没有那么多的小岛,供我们居住。

你能为地球"降温"做什么

黄　敏

温室效应导致全球变暖，已是不争的事实。可真的无法逆转吗？

美国《时代》周刊有一期列举出 50 项措施为地球"降温"，其中一些只是举手之劳。

电器篇

关掉电脑——

屏幕保护程序不等于环境保护程序。美国能源部的数据显示，家庭中 75％的用电都耗在使电视、电脑和音响等保持待机状态上。如果一台电脑每天使用 4 小时，其他时间关闭，那么每年能为你节省 70 美元，且能减少 83％的二氧化碳排放量，即每年 63 千克二氧化碳。

呵护热水器——

提高家庭用热效率，并不意味着花费数小时窝在阁楼上涂隔热层。

其实方法非常简单，比如给你家的热水器一个温暖的"拥抱"——包一层隔热毯，成本只需10~20美元，但可以使你家每年减少约113千克的二氧化碳排放量。

大多数热水器使用5年后，内部隔热性能会变差，损耗热量、浪费能源。所以，摸一下热水器表面，如果能感觉到温热，就给它穿件"外套"吧。

出行篇

让工作地点离家近一点——

开车上班，浪费时间也浪费能源。看来，唯一的解决办法就是把家搬到办公室隔壁。可要是让办公室离你家近一点呢？这种做法称作"最近交换"。如果一家公司在地铁线路覆盖区域内有多家分支机构，这种做法就能被非常好地运用并发挥作用。美国华盛顿州西雅图市的软件开发工程师吉恩·马林斯设计了一个项目，帮助公司让工作地点靠近员工居所，大量节省上下班路上花费的时间。

马林斯在对星巴克公司、美国KeyBank国家银行、波音公司和西雅图市消防局调查后发现，只有4%的消防员在离家最近的消防站工作，有些消防员上班单程需233.3千米；波音公司在华盛顿州皮吉特湾的8万名员工，每天上下班路程总和可绕地球85圈。

在使用马林斯的项目后，KeyBank银行一些分行的员工上下班路程减少了69%。对员工而言，能够逃离上下班高峰期的拥堵是最好的奖赏。一样的报酬，一样的工作，谁不愿意少花点时间在路上？

选乘公交车——

交通产生的二氧化碳占美国二氧化碳排放量30％以上，减少此类排放量的最好办法之一是：乘坐公交车。美国公共交通联合会称，公共交通每年节省约63.6亿升天然气,这意味着能减少150万吨二氧化碳排放量。

不幸的是，美国只有大城区内公共交通便利，88％的路程仍由小轿车承担。目前比较可行的办法是，建立快速公交系统，在特定公路上专载长途旅客。

虽然公交车的碳化物排放量比火车多，但可以通过使用混合燃料或者压缩天然气引擎来减少排放量。美国突破科技学院去年的一项研究表明，一个中型城市的快速公交系统在20多年时间里能够减少65.4万吨二氧化碳排放量。

网上支付账单——

为避免在发薪日开车去银行，排放不必要的二氧化碳，要求雇主直接将薪水划到你的账户上。

在网上进行银行业务和账单操作，不仅能够挽救树木，还能减少运输纸质文件所耗能源。根据贾夫林战略研究机构的估算，如果每户美国家庭都意识到这一点，身体力行用网络支付账单，那每年将减少16亿吨纸张消耗和210万吨温室气体排放。那网上支付的安全问题呢？

不必担心。忽略那些"钓"个人信息的邮件，监控那些未经授权的机构发来的账单，发现问题及时汇报，你的信用卡就不会遭到"袭击"。

衣食篇

解下领带——

2005年夏天，日本商界可谓"凉爽"，白领纷纷脱下他们标志性的深蓝色职业装，换上领子敞开的浅色衣服。这是日本政府为节约能源所作的一部分努力。那年夏天，政府办公室的温度一直保持在28℃。

这项政策令裁缝们感到困惑。但整个夏天，日本因此减少排放二氧化碳7.9万吨。

挂根晾衣绳——

饲养一只羊，剪羊毛、纺纱、织布、裁衣……即便这样，你的衣服是否环保，最终还要取决于你的洗衣方式。英国剑桥大学制造学院的最新研究表明，一件衣服60％的"能量"在清洗和晾干过程中释放，例如一件T恤衫"一辈子"能排放约4.08千克碳氧化合物。

需要注意的是，洗衣时用温水，而不要用热水；如果要洗的衣服较多，选择一个容量大的洗衣机，而不要用多个容量小的；尽可能选用高效洗衣机，因为一台新洗衣机耗费的能量是旧洗衣机的1/4。

衣服洗净后，挂在晾衣绳上，不要放进烘干机里。这样，你总共可减少90％的二氧化碳排放量。

舍弃牛排——

哪个更应该为全球变暖负责，车还是"巨无霸"？信不信由你，事实上是肉饼。根据联合国粮农组织去年公布的一份报告，全球肉制品加工业排放的温室气体，占全球温室气体排放量的18％，甚至超过了交通业。

这些温室气体主要来源于肥料和沼气中的一氧化二氮。肥料和沼气是"牛消化的自然结果"。沼气对全球变暖产生的影响是碳化物的23倍，一氧化二氮的影响是碳化物的296倍。

地球上共有15亿头家养牛和野牛，17亿只绵羊和山羊。它们的数量还在快速增长。全球肉产量有望在2001年至2050年期间翻一番。想想在家畜饲养、运输和销售过程中消耗的能源，盘子上一块约453.5克的牛

Getty Images ⋮ 图

排就像一只嗡嗡作响的蜂鸣器。

美国芝加哥大学的研究表明，如果你转做一名素食主义者，每年的二氧化碳排量将减少约 1.5 吨。

居住篇

种一道竹篱笆——

竹子可以成为一道美丽的篱笆。竹子的生长速度很快，某些种类的竹子一天能长约 0.3 米，甚至更多。所以与蔷薇科植物比，它能吸收更多的二氧化碳。

大多数屋主因为担心竹子长得太快而加以限制。其实这样做降低了竹子作为碳化物吸收器的功能。

打开一扇窗——

一个美国人每年制造约 25 吨二氧化碳。这些二氧化碳大部分来自家庭。怎样减少这个数字？有一些简单有效的方法：打开一扇窗户，取代室内空调；夏天使用空调时，温度稍微调高几度，冬天则低几度；把门窗堵严；墙壁和天花板都作隔热处理；等洗碗机装满再洗；安装流量小的淋浴花洒；用温水或凉水洗衣服；调低热水器上的自动调温装置。这样，等到年底，你的房子将仅排放 1814.4 千克二氧化碳。

生活篇

换上节能灯——

家庭中最受宠的节能高手，非紧凑型荧光灯（CFL）莫属。这种小型日光灯诞生于 20 世纪 90 年代中期，虽然价格比普通白炽灯泡贵 3 倍~5 倍，但耗电量只有后者的 1/4，而且使用寿命一般可达数年。此外，紧凑型荧光灯还有一个优点，它在打开的瞬间不会频闪。

拒绝使用塑料袋——

超市的塑料购物袋，最后一般都被作为垃圾用掩埋法处理。每年全球要消耗超过 5000 亿个塑料袋，其中只有不到 3% 可回收。

塑料袋都由聚乙烯制成，掩埋后需上千年时间实现生物速降分解，期间还要产生有害的温室气体。

减少塑料袋污染的办法就是，以布袋或者可分解植物原料制成的袋子取代塑料袋。下次去杂货店的时候，别忘了带袋子。

举办绿色婚礼——

举行婚礼那天，虽不能阻止全球变暖，但你可以选择减少碳排放量。不管在哪里举行庆典，你都可以购买当地产的红酒或者啤酒，从当地蛋糕店定做婚礼蛋糕，使用应季而非进口鲜花，穿租来的礼服，使用再生纸张……这些都能降低二氧化碳排放量。

这是你给这个星球的结婚礼物。

从瓶装水谈起

张北海

这也应该算是人类进步的一项成果。世界各地城乡居民,除了使用杯、碗、水壶、木瓢、竹筒、葫芦等器皿之外,越来越多的人在用瓶子来装饮用水。先是玻璃瓶、金属瓶,现在更加普遍的是塑胶瓶。

当然,就像任何现代生活消费品一样,这是我们对方便、舒适、效率和现代化的不断追求,经常还加一点点难以捉摸的时髦,在相当程度上,推动着人类发展。

一个或许可以参考的例子是冷气。想想看,冷气或空调问世不到百年。在此之前,唯一办法是摇扇子,人为地制造一些凉风,且贫富不分。夏日炎炎似火烧,就连那公子王孙,也只能把扇摇。而今天,冷气早已变成有此能力的现代生活必需品。我们一旦尝到了甜头,就再也难以回到从前。

瓶装水固然方便，其意义、作用和贡献可无法与冷气空调相比。

只有在极端情况之下，才有真正的意义、作用和贡献。

就是说，除非你的城镇村落缺水无水，水源受到污染，供水净化处理不当，或遭受天灾人祸……否则，比如在纽约，水龙头冒出来的水，非但可以安全饮用，而且比大部分瓶装水的水质要好。那纽约人再人手一瓶水，称之为浪费也并非过分的指责。更何况，纽约自来水便宜无比，近乎免费，而瓶装水起码一美金。

我不敢确定这种塑胶瓶瓶装水是什么时候开始流行的，我猜大约是在 20 世纪 70 年代，很可能是配合了当时日益普遍的慢跑、有氧舞等健身运动的兴起。一瓶在手，你随时随地都可以解渴。

可是到了今天，瓶装水变得越来越讲究，它早已超越了初期那种经过处理的蒸馏水阶段。不信的话，你去纽约任何超市看看。一排排架子上，摆满了各式各样的瓶装水：处女泉水、冰河之水、冰山之水、高山雨水、纯净雪水……有的还外加了维生素、矿物质、蛋白质，以便解渴的同时增强你的健康。

在纽约展开了一场"水战"——瓶装水对自来水。因近十几年来，由于人们在环保生态意识方面有了觉醒，而更加剧烈。

这里涉及的问题，已不仅仅是价钱和水质的问题了。只要你有余钱可花，或愿意花这个钱，你尽可去喝有时比一瓶啤酒还贵的瓶装水。

真的祸害来自瓶装水的塑胶瓶，祸害子孙，贻害至少千年。

对塑胶瓶（及塑料袋）的多年研究，结论简直令人震惊。其一，美国人每小时抛弃 250 万个塑胶瓶，而塑胶的降解所需的时间，至少 1000 年。我们遗留下来的这笔债，真要子孙来还了。其二，与一升自来水相比，生产一升容量的塑胶瓶，要消耗 2000 倍的能源。其三，再以纽约为例，从个人日常饮水量来看，每人每年的饮水费用，喝自来水才 50 美分左右，而喝相同水量的瓶装水，则每年花费 1500 美元。

前年，在"地球日"前夕，两位教授合写了一篇有关水瓶环保问题的短文。

两位学者分析了不锈钢瓶（如水壶）的生产、制造、加工、运输、储藏，及其终极处置的一步步程序及其个别环境生态影响之后，来比较它和塑胶瓶的差异。如果你一生只饮用一瓶水，那塑胶瓶划得来；如果你一生使用不锈钢瓶 50 次，那钢瓶更好；而如果你一直使用不锈钢瓶，一生至少 500 次，那你不但万分划得来，而且还对环保和气候做出了贡献。

最后的结论是，何必如此费心费力费时费钱去买瓶装水，纽约处处可见饮水池，免费供应上好的自来水。

不错，但是我们同时也必须认识到，站在远处高处来看，纽约这场水战，是一场相当奢侈的争论。

如果你曾在东非半干旱地区开过车，那你经常会看到公路两边，不时有三三两两的妇女，头上顶着器物去打水。她们一去一回，经常要走约 20 千米。这是 20 世纪 70 年代的现象，今天的情况更糟。

美国《新闻周刊》有一期以"液体资源"为题，讨论了全球的供水情况。

专家们预测，21 世纪的水资源，相当于 20 世纪的石油资源。难怪联合国宣布，享有安全清洁用水是人权。

住在纽约或任何现代都市的居民，把开水龙头取用自来水视为理所当然。很少人真的去饮水思源，去追问这水是哪里来的，怎么来的……只是很安心地饮用。但是纽约自来水（绝非"自来"）之方便、安全、便宜，其水质之优，更非理所当然，而是一两百年不断奋斗的成果。

荷兰和英国殖民时期，纽约不缺水。来自池、湖、河、井，外加雨水，都无需处理即可饮用。但是自独立战争之后，都市扩展，工业发展，人口暴增，不但供水出现困难，水源也受到污染。18 世纪末到 19 世纪初发生瘟疫、火灾，才真正一棒子打醒了纽约市政府和居民。

这才在 19 世纪 30 年代开始西北水东南调，从距纽约西北方 150 到 200 千米外的山区，建造蓄水库、水净化处理中心、水渠道、水道桥、地下水道，来解纽约人的渴。但是这第一条输水道，不出几十年就不够用了。20 世纪初又建造了第二条水道，但 50 年后又应付不了纽约的供水需求。于是在 20 世纪 90 年代，又开始建造第三条输水管道，至今仍在曼哈顿地下两三百米深处岩石中打洞，至少还要 10 年才能完成。

可不要小看这纽约自来水的水质。美国南部佛罗里达州一家以纽约犹太烤饼闻名的餐厅，声称它可将佛州之水变成地道的纽约自来水，这是餐厅的秘方，因而其纽约风味的犹太烤饼才地道。这家餐厅已在筹备将佛州自来水加工而后变成的纽约自来水装瓶，并以它为宣传口号对外销售。

唉，别以为这个卖点是异想天开。当年法国搞出来的昂贵高级时装名牌牛仔裤，也正是如此打进了牛仔裤发源地的美国市场。所以，既然有此可能，而纽约又从不缺乏一批又一批不知好歹的老少天真，任何新鲜玩意儿都要好奇一试，那这种佛州塑胶瓶装之当地水加工后的纽约式自来水，一旦进入了这里的超市，那我也只好相信，世界末日即将来临。

前卫生活方式

薛 涌

21世纪的城市化，明显有一股走出汽车城市的潮流。在这一潮流中领先的，是一批"精英城市"，如哥本哈根、斯德哥尔摩、阿姆斯特丹、苏黎世、波士顿、旧金山、波特兰等。在人们的印象中，这些城市的生活很"酷"、很"前卫"，这些城市是后工业社会的核心，属于创新社会，社会文化习性为低碳生活、热衷运动、偏好步行和公交。

比如，硅谷IT精英中最流行的是极端体育运动，如铁人三项、马拉松、长距离自行车、深海潜水等。美国白领的饮食也非常清淡讲究，甚至有人给自己定出卡路里"预算"，严格遵守。良好的教育，又使他们在执行自己健康食谱时有足够的知识，并及时吸收最新的健康研究成果。

《纽约时报》专栏作家大卫·布鲁克曾讲，在河上泛舟时你会发现：

开机动游艇的经常是劳动阶层，在那里吭哧吭哧划船的往往是白领。当然，一天到晚骑自行车的也是白领，蓝领多半开车出门。那些吃自然食品，不吸烟，注意锻炼身体，又日程繁忙的白领精英，是这一生活方式的引领者。一位波特兰的律师说，他过去开车上班，如今骑车，3 年下来，竟帮他减了近 14 千克体重！

不久前退休的美联储的第二号人物唐纳德·考恩，他骑自行车上班一时传为佳话。据《纽约时报》报道，他总是把西装裤脚绑紧，以防被车挂住。但骑完车到办公室后一身臭汗如何处理？这对圈外人来说是个谜。

2004 年的调查显示，美国 80% 的城市准备建自行车道。对骑车人的态度好坏，已经成为城市形象问题。美国参议院还在审议法案，要用税收优惠，鼓励雇主给骑车上班的雇员每月 40~100 美元的补贴。

我现在住在波士顿地区，亲眼见有人推自行车乘地铁。有的人从郊区的家里骑将近 5 千米到地铁站，然后推车上地铁，出地铁后，再骑 5 千米到办公室。马路上纷纷划出专门的自行车道。除了波士顿外，在华盛顿、博尔德等城市，自行车都可以搭乘地铁甚至公共汽车（公共汽车设装载自行车的架子）。

骑车的人多了，不仅有助于"减排"，缓解了交通压力，而且能够增进人们的健康。

以我的观察，美国的新经济技术含量高、竞争性强，需要旺盛的精力和开创性。我在《培养精英》一书中曾介绍过，一位早晨 4 点起床苦练长距离游泳的女士讲，在硅谷，40 多岁就显得老了。所以，过了 40 的人，要不停地证明自己。你在马拉松式的竞争中击败了 20 多岁的毛小子，别人就对你另眼相看了。总之，成功意味着奋斗，意味着"过程"。你的

喻 梁 图

整个生活格调，都应该体现在你的奋斗过程中，这才叫"酷"。

城市环境和市民的生活方式是互相塑造的。非汽车城市的环境，往往给运动留下诸多便利，鼓励人们从事体育锻炼。大家都喜欢户外运动，因而更珍惜环境，愿意把一切都维护成这样。有了环境，则又刺激更多的人参与户外运动，使更多的人关心环境。这就形成了良性循环。

如果大家把开车看得比什么都重要，特别是精英阶层整天汽车出行，普通人也梦想着有朝一日开上车，谁还在乎自行车和跑步的环境？

没了环境，想运动的人也不会出来，大家对环境就更加漠不关心。这就形成了恶性循环。

城市的风格要变，生活方式也要变。我们每个人的行为，对这样的转型都会产生影响。

可持续设计

研究表明，每年全球死于环境污染的人数已达数百万，能源的短缺以及环境的污染已经严重制约了社会的持续发展。可持续发展已成为当今世界的主题，必须大力研发和利用绿色能源。现在，越来越多的产品设计师秉持可持续发展的设计理念，选择用实际行动来爱护我们的家园。

生态薯条包装

薯条作为现代生活中的快消食品，会产生大量的包装垃圾。而这款设计方案选择将马铃薯的皮重新加工，制作成一种新的生态包装。

可持续使用的吸管

这些吸管由回收的硼硅酸盐玻璃制成，具有可回收、可重复使用、不易致敏、易于清洁和保养等特点。

可降解牙膏包装设计

即使没有纸盒作为牙膏的外包装，在其运输或上架时也不影响牙膏的完整性和安全性。

竹制熨斗

手撕纸壳 U 盘

可降解花盆

纸条编织购物袋

分食餐盘

公路与生态

Alan Burdick

王振平　译

八年前，哈佛大学地貌生态学家理查德·福曼"心灵顿悟"，写出了《陆地马赛克：地貌与地方生态学》一书，这本书为他赢得了声誉。后来，他还应邀参加了一个探讨美国交通网对生态影响的会议。

会议讨论的焦点主要是气候，但福曼意识到，他和他的同行正在走入歧途。"猛然间，我意识到，最显著的地貌我们却了解得最少，那就是公路"。

在美国共有 624 万千米公路，如果把全部公路相加，其面积约占陆地面积的 1%，即相当于一个南卡罗来纳州那么大。与此同时，越来越多的研究显示，公路产生的生态效应与其所占面积不成比例。公路使河流改道、地下水位发生变化，还产生二氧化碳、臭氧和烟雾。

它们使植物中有了越来越多的重金属，苔藓类植物在烟尘中大量死亡。

每条公路两边都有路边地带，那是一片片荒芜丑陋的人间地狱，最利于杂草的生长和蔓延。总而言之，按照福曼的估计，美国有 1/5 国土的生态环境直接受到了公路的影响。

为各种车辆铺砌的公路，几乎每个科学家都能从它身上找到这样或那样的毛病。于是，最近有一些植物学家、土壤化学家、人口生物学家等科学家联合在一起，建立了一个新的跨学科领域：公路生态学。

在公路发展的早期，它们的走势还能顺从地貌，即沿河流或森林的边缘发展。可如今，公路已无所不往，狼、熊等原本可以自由游荡的动物种群被分割得七零八落。与大型动物相比，较小动物的种群在数量上具有更大的波动性，更容易发生杂交现象。福曼认为，由此看来，公路有可能造成地方性生态灭绝。

公路还会改变生活在附近的动物的生活习性。到了冬季，阿拉斯加的北美驯鹿沿着毫无遮拦的公路迁徙时，很容易遭受汽车的碰撞和狼群的袭击。研究发现，北卡罗来纳州的黑熊已经改变了自己的栖息地，把家迁到了远离公路的地方。落基山脉的灰熊也不例外。黑头兀鹫和红头美洲鹫却恰恰相反，它们在向靠近公路的地方迁移，它们这样做，很可能是为了能吃到公路上随处可见的腐尸。许多蜗牛不仅受到汽车轮胎的威胁，当它们跋涉在路面上时，还得面临因缺水而渴死的危险。一项引人注目的研究发现，每当雌性加拿大盘羊靠近公路时，不管有没有车辆，它们的心跳频率都会显著上升。

不管怎么说，再没有比"公路杀手"更直截了当、更直观明了的生态效应了。在美国，丧生于汽车的野生动物比在任何猎杀手段下丧生的

于沁玉 图

都要多。在阿拉斯加的基奈国家野生动物保护区，驼鹿死亡的主要原因是车祸。在佛罗里达州，那些靠近杰克逊湖的公路给那里的海龟带来了极大的危险：每 1.6 千米的公路上每年都有上千只海龟死亡。另外，每年还有 150 名汽车乘客在汽车与动物碰撞发生的事故中丧生。

动物的公路死亡会影响到整个物种，特别是那些大型食肉动物（它们的繁殖速度很慢）和较小的两栖动物（它们总是成批地死亡）。

20 世纪 80~90 年代，在佛罗里达州死亡的美洲豹中，有 42% 死于车祸。

最近的一项研究表明，如此高的公路死亡率，可能会威胁到美国东南部某种海龟的种群繁衍。

在过去十年中，为使动物能安全穿越公路，美国政府已经花费了数百万美元来拓宽涵洞和修建"生态通道"。但是，尽管人们为这些通道感到高兴，却很少有人研究这些通道的效果如何，以及如何对它们进行改进。像中国和印度这样的国家，更应该关注公路生态学，因为这些国家正在掀起斯珀林所说的"建路狂潮"。公路生态对欧洲人来说，已经是老新闻，因为他们使用生态通道解决公路拥挤已经有几十年了。荷兰人为拯救濒于灭绝的獾，为它们修建了 200 条通道。最近，西班牙的巴塞罗那已经行动起来，要把郊区的野生动物通道连成网络。这个城市的总设计师正是理查德·福曼。他感叹道："欧洲人已经走在我们的前面，而我们的公路系统却已经走在了社会的前面。"

青藏路边的野花请不要采

汪永晨

　　1998 年，我随中国第一支女子长江源科学考察队的那次青藏高原之行，我采访到，多年来在了解长江源、认识长江源的过程中，科学家们也办过傻事，付出过代价。为了研究长江源的冻土、植被状况，一位科学家曾从山上挖了一小块草皮带回研究所进行分析。让这位科学家没有想到的是，几年后他再到那片山上去的时候，原本绿绿的一座山，竟成了秃山。挖走一块草皮能影响一座山，那位科学家和我说这些时，满脸的愧疚。

　　青藏高原的生态属于脆弱的冰冻圈结构，各个环节都是相互制约的，也都是非常敏感的。那里的生物原本就是生活在一个非常低水平的稳定状态，它不如南方的高水平的生态系统物种那么丰富。所以，长江源区这种生态系统对外界的变化特别敏感，会出现挖走一块草皮毁一座山的现象。

在青藏高原我经历的另一件事是这样的，2002 年 6 月，藏羚羊产完羔后，从繁殖地向尼玛的一条山沟迁徙。

那天，当地人带着两个北京的摄影记者找藏羚羊拍摄。他们的车一开进那条山沟，司机、县长和两个记者都傻了。

满沟都是藏羚羊，当地人粗粗数后得出的结果是，不低于 6 万只。

就在当地人忙着数母羚羊和小羚羊的时候，两位记者高兴得简直就疯了。一个举着"大炮筒"似的镜头，一个扛着摄像机，连追带赶地又是拍，又是照，可是带着小羚羊的羊妈妈们，经不住记者们这么追着它们的孩子拍。一时间，母羊带着小羊跑的跑，踩的踩，山谷里乱成了一团，一只只小羚羊倒在了血泊中。

县长急了，哪有这么拍的，藏羚羊受得了吗？可拍疯了的记者，根本听不进当地人的大骂。没办法的当地人想出了招儿，拿出车上拉车用的钢丝绳，把两个拍疯了的记者捆了起来。

青藏铁路经过的青藏高原，有着荒野上盛开的野花，也有着挖一片草皮就能秃一座山的脆弱环境；那里是藏羚羊迁徙时能染白一条山沟的地方，也住着世代与野生动物和谐相处的民族兄弟。向往青藏高原的人们，路途中，当你们从火车上下来呼吸高原的空气，欣赏昆仑山上的小草时，请千万手下留情，路边的野花不要采；当你们的镜头对准前面自由奔跑的野生动物时，请尽量减少对它们的惊扰。因为，那片神奇的土地值得我们敬畏。

荒野的消逝

王开岭

美国环境伦理学家霍尔姆斯·罗尔斯顿说："每一条河流，每一只海鸥，都是一次性的事件，其发生由多种力、规律与偶然因素确定……例如，一只小郊狼蓄势要扑向一只松鼠时，一块岩石因冰冻膨胀而松动，并滚下山坡，这分散了狼的注意力，也使猎物警觉，于是松鼠跑掉了……这些原本无关的元素撞到一起，便显示出一种野性。"

我觉得，这是对野性最好的阐释。野性之美，即大自然的动态之美，即偶发和未知之美，它运用的是自己的逻辑，显示的是蓬勃的本能，是不被控制和未驯化的原始力量，它超越人的意志和想象，位于人类经验和见识之外。

在北京，有一些著名的植物景点，像香山的红叶、玉渊潭的樱花、北海的莲池、钓鱼台的银杏……每年的某个时节，报纸电视都要扮演花媒的角色，除渲染对方的妖娆，并叮嘱寻芳的路线、日程、方案等细节。比如春天，玉渊潭网站的访问量就会激增，因为有早、中、晚樱花的花讯，像天气预报一样精准。美则美矣，但这种蜂拥而至的哄抢式消费，尤其被人工"双规"——规定时间、规定地点的计划性绽放，再加上门票交易环节，使得这一切更像一场演出……除了印证已知，除了视觉对色彩的消费，它不再给你额外惊喜。所以，这些风物我涉猎一次后，便没了再访的冲动和理由。

日子长了，这些景致在北京人心目中，便沉淀为一种季节印象，甚至代指起了时令来，比如很多文章开头会写道："当香山枫叶红了的时候……""玉渊潭的樱花又开了……"这样的花开花落，呼应的是经验和日历，精神上往往无动于衷。

种植型风景，本质上和庄稼、高楼大厦一样，属人类的方案产品和预定之物，乃劳动成果之一。它企图明晰，排斥意外，追求秩序和严谨，比如玉渊潭樱花，每株树都被编了号，据品种、花期、色系、比例，被分配以特定区域、岗位和功能，总之，这是一套被充分预谋和策划的美学体系，像鸟巢升起的奥运焰火一样。一个人注视璀璨焰火，瞥见天际流星，感受截然不同。前者是工程之美，后者属野性之灿，前者你可以去夸奖张艺谋，而后者导演是大自然，你无从感激，只会对天地顿生敬意。

荒野的最大特征，即独立于人的意志之外，它和文明无关。

有一次，指导一档电视旅行节目，用我的话说，这是一个逃离都市的精神私奔者的故事。在云南拍摄时，有个镜头，有位主持人在路边摘了一朵花，兴奋地喊：野玫瑰！我对她说：你若能发现一朵"不知名的花"就好了。说白了，作为一个带观众去远方的背包客，我是希望她走得再狂野和不规则一些，能采集到大自然的一点野性，能邂逅更多的未知与陌生，如此，才堪称"在那遥远的地方"。远方之魅力和诱惑，就在于其美学方向和都市经验是相反的，而玫瑰一词，文气太重，香水味太呛鼻了——它顶多会让我想起情人节、酒吧或花店，它甚至扼杀想象。

有则电视广告，描绘的是一头快被淹死的北极熊。擅游的北极熊会溺水？是，因为无冰层可攀了。再过20年，北冰洋将成为北水洋，只剩下水，无情之水。科学家预测，按现今温室化速度，乞力马扎罗的雪将在十几年后消逝，对这座伟大的赤道山脉来说，那抹白色披肩不仅是野性之美，也是神性象征。在我眼里，这悲剧不亚于马克思肖像被偷剃了胡子，没了它，伟人的尊严和标志荡然无存，那会是另一个人，谁也不敢与之相认了。2009年10月17日，印度洋岛国马尔代夫上演了一场被称为"政治行为艺术"的悲情剧。总统纳希德和14名内阁部长佩戴呼吸器，在6米深的海底举行了一次内阁会议。研究报告称，若全球变暖趋势不被遏制，21世纪内，这个由上千个小岛组成的国家将被海水淹没。就在此举一个多月后，喜马拉雅山也上演了同样的一幕。为表达对冰川速融的担忧，尼泊尔总理与20多名内阁部长，戴着氧气罩，空降在海拔5242米的珠穆朗玛峰地区，不远处的珠峰大本营，正是各国登山者向峰顶冲刺的起点。而几天之后，在丹麦哥本哈根，在被称作"拯救人类最后机会"的全球气候大会上，一位斐济女代表在演讲现场失声痛哭，因为她的家乡——那个以碧海蓝天、洁白沙滩和妩媚棕榈树著称的岛国，已四面楚歌、摇摇欲坠……这些都是人类成就杀死自然成就的显赫事例，而隐蔽的个案，就是每天发生在眼皮底下的常态细节：减损的湖泊、荡平的丛林、削矮的山头、人工降雨和催雪、被篡改结构和元素的土地、时刻消逝的物种——就在人们热望大熊猫、藏羚羊、白鳍豚这些明星动物的同时，大量鲜为人知的生命，正黯淡地陨落。若真有上帝，恐怕每天都忙于一件事：主持追悼会并敲响丧钟。

其实，在感情和审美上，现代人并非歧视自然成就，恰恰相反，人们酷爱大自然，像张家界的旅游口号即"来到张家界，回归大自然"。我们把离开自己的成就去拜谒大自然的成就，叫作旅游。对于荒野，大家更是心仪，那么多人被野外观鸟、西域探险、汽车拉力赛搞得神魂颠倒。

只是人类的另一种能量——物质和经济欲望、征服和攫取欲望、创造和成就历史的欲望、无限消费和穷尽一切的欲望——太强烈太旺盛了，这导致人们一边争宠最后的荒野，一边做着拓荒的技术准备；一面上演着赞美与愧疚，一面欲罢不能地磨刀霍霍。这种身心矛盾和精神分裂，其情形就像戒毒。

比尔·麦克基本在《自然的终结》中说："我们作为一种独立的力量已经终结了自然，从每一立方米的空气、温度计的每一次上升中都可以找到我们的欲求、习惯和欲望。"

从"香格里拉"情结到"可可西里"现实，精神上的缥缈务虚与操作上的极度实用，自然之子的谦卑与万物君主的自诩……人类左右开弓，若无其事揾自己耳光。

我们现在所干的一切，现在的挥霍水准，差不多是以一千个地球为假设库存和消耗前提的，但事实是：只有一个地球！

如果让动物写历史

许　愿

　　最近几次的流行病，仿佛都有某一类动物的身影在背后若隐若现，比如疯牛病和牛，"非典"和果子狸，禽流感和鸡。这些动物被高高地钉在了耻辱柱上，昭示着对人类犯下的罪行。当然，这次我们也"顺理成章"地发现了北美流感背后的动物"元凶"——猪。

　　当猪流感的名字还没有叫得很顺口的时候，科学家们突然改口了，把它叫作"甲型 H1N1 流感"。原来，虽然这种新型病毒是由猪流感病毒演变而来的，但是让人羞愧的是，先得病的是人，而可怜的猪是被人感染的。

　　这下估计很多人就抓瞎了："非典"的时候可以轰轰烈烈地灭果子狸，禽流感的时候杀杀鸡，虽然不能解决问题，至少看上去相当有气氛，现在替死鬼找不到了，总不可能改名叫"人流感"抓两个人杀杀吧？

在网上搜搜人畜共患疾病，一连串惊心动魄的数据就跳了出来：

据有关文献记载，动物传染病有200余种，其中有半数以上可以传染给人类。其中鼠疫、狂犬病、炭疽病都是风云一时的"杀手"。近年来由动物引起而在人群中流行的传染疾病呈增多之势。

这样看来，我们的感觉是孤立无援的脆弱人类受到了动物界"生化武器"的围攻，处境堪怜。

不过，学历史的人都知道，历史永远只是执笔者的历史。

那么，我们试试站在动物的立场上来写历史，看看又会呈现怎样的面貌。

在卢旺达浓雾密布的高山上，每年都有来自世界各地的成千上万名游客观看大猩猩。1988年，卢旺达的大猩猩出现了打喷嚏、咳嗽的症状，软绵绵地趴在地上动不了。科学家们检查后发现，原来它们从前来参观的人们那里传染上了麻疹。接着，研究人员还在野生猕猴和猩猩体内找到了人类的感冒病毒、麻疹病毒、结核菌抗体。这些玩意儿哪来的？脚趾头都猜得到。

这还不是最惨的。总部设在博茨瓦纳的"非洲资源保护中心"负责人凯希·亚历山大女士的一份研究报告声称，人类把结核病毒传染给了生活在卡拉哈利大沙漠的一种野生狸猫。结果，病毒在15个月内在这种狸猫中间迅速传播，最后几乎导致了这个物种的灭绝。

可以想象，在这种狸猫家族口头流传至今的历史中，记载着一种恐怖凶残的"洪水猛兽"，名字叫作"人"。

科学家们也都承认，人畜共患疾病的增加，一个原因是动物生态环境的恶化，另外一个原因是人类对养殖动物的不人道对待。说来说去，还是人干的。

　　《历史的抉择》中丘吉尔曾丢下一句话："每天结束时都要算总账，末日来临时更要算总账。"

　　人类最好不要坐等算总账的那一天到来。

哭泣的鲨鱼

官乃斌

浩瀚的太平洋上，一条约 2 米长的巨齿鲨被拖上了渔船。水手们拿出电锯，利索地锯掉了它所有的鳍。随后嘭的一声，巨齿鲨残余的躯体被抛入大海，鲜血立即染红了海面。被"活体取翅"的鲨鱼，拼命摇摆挣扎着，然而没有用，它在瞬间沉入海底。

这惊心动魄极其惨烈的一幕不是电影中虚构的情节，而是现实生活中每天都在上演的真实场景。据国际环保机构统计，全世界每年在鱼翅市场上交易的鲨鱼达 4000 万条。这一数字令人震惊。

但由于认知不足和缺乏研究，人们对鲨鱼有诸多误解，所以尽管有那么多鲨鱼被捕杀，也难以使人对鲨鱼的处境有更多的同情。

动物凶猛?

鲨鱼，常被认为是海洋中最凶猛的动物。多数人都相信，鲨鱼是凶残之徒，尤喜食人，鲨鱼因此背上了十恶不赦的骂名。

其实，世界上绝大多数鲨鱼是比较温和的，通常不会无故伤人或杀人，有的甚至会与人类嬉戏。统计数据表明，2002 年全世界共有 63 起鲨鱼无故攻击人类的报告，其中仅有 3 人死亡；2003 年全世界有 55 起鲨鱼无故攻击人类的报告，其中只有 4 人死亡；2006 年全世界有 78 人被鲨鱼攻击。与人类遭到其他动物攻击和意外事件相比，这只能算少数事件而已。根据美国加利福尼亚州的记录，1980 年至 1990 年的 10 年间，全州遭鲨鱼袭击者不足 32 人。事实上，被鲨鱼攻击的伤亡人数远远小于宠物狗对人类的伤害。不过，现实生活中，人们对于鲨鱼的凶残行为往往会夸大其词。

美国旧金山大学的生物学家伦纳德·康帕格认为："大部分鲨鱼是温和的、小型的，于人类无害。"但食人鲨是个例外。它们饿极了便六亲不认，互相残杀，管它父母兄弟，统统可以用来果腹。由此，食人鲨伤人、吃人的事件屡有发生，这也是事实。可食人鲨不过二三十种，只占 380余种鲨鱼的百分之六七，而且食人鲨也往往因为饥饿或误会才伤人。目前，世界上像食人鲨一样恶名昭著的还有大白鲨、虎鲨、白鳍鲨、恒河鲨、鳍头鲨等少数几种。美国科学家大卫·鲍德里奇则表示，鲨鱼因误会而伤人的原因往往是人们误入了其领海，威胁到它们进食，或是打搅了情侣间的缠绵，激起了其嗜血的欲望等等。

其实，鲨鱼根本"不齿于"人肉。鲨鱼对人一般啃咬一口就松开，原因往往出于好奇：什么怪物? 居然有两条腿! 实际上，它们只是在试探陌生的东西，仅此而已。

1935 年，一条大虎鲨在澳大利亚被捉，随后被养在水族馆中供人观赏。之后不久，鲨鱼嘴里竟吐出一条人的手臂。公众哗然。后经法医鉴定，手臂不是大虎鲨直接从人体上咬下来的，而是从水中"捡"来的。警方最终破获了这桩杀人案：原来鲨鱼嘴里的手臂是一个拳击师的，他被黑社会的一伙人杀害，肢解后抛入大海。大虎鲨偶然"捡"来欲吞食，却发现味道不佳，于是就吐了出来。

血盆大口

通过前面的介绍，我们知道了鲨鱼大多数都非常温顺的事实，但鲨鱼张开的血盆大口及其锯齿状尖锐的成排牙齿，还是给人凶相毕露、随时准备行凶的错觉。其实，这是人们对鲨鱼正常呼吸的曲解。

鲨鱼每侧有 5~7 个鳃裂（不像我们平常从集市买来的鲤鱼，有一对鳃盖护着鱼鳃）。其鳃壁较薄、面积大、间隔很长，由鳃弓延伸至体表与皮肤相连。鳃上的血管非常丰富，鳃瓣如暖气片那样贴附在鳃间隔上，因而鲨鱼又被称为板鳃鱼。海水流经鳃瓣时，氧气进入血管与血红蛋白结合并被输送至全身，血液中的二氧化碳则渗出到水中。

鲨鱼借此便完成了呼吸过程。

只有大张着口，才能有更多的海水流入口中，保证鲨鱼获得充足的氧气，不会因窒息而死，这才是鲨鱼一直要张大嘴巴的根本原因。

这完全是一种正常的生理行为和正常的生活姿势，实在不是人们想象的那样。只不过在游动时，张着嘴的鲨鱼看起来的确很可怕，可我们总不能禁止人家呼吸吧？

鱼翅的营养

在人们的印象中，认为与燕窝、熊掌等山珍海味齐名的鱼翅营养极其丰富，为补品之最。可你是否知道鱼翅是由鲨鱼鳍制成的？不少鲨鱼因此被竞相杀戮甚至活体取翅，凄惨死去。

所谓活体取翅，就如本文开头的那一幕，只锯取其鳍。究其原因，是因为鲨鱼身上只有鳍才是相对宝贵的，它的肉很粗糙，经济价值低；鱼体又大又重，不能占用宝贵的舱位，抛弃则最经济。

由于鲨鱼和大多数其他鱼的构造不同，一般的鱼都有鱼鳔，可以帮助它们保持浮力，但鲨鱼天生没有鱼鳔，其比重又大于海水，全靠永不停息的运动才能浮在水中。鳍是鲨鱼的运动和平衡器官，没了鳍，鲨鱼立刻便会沉入海底，挣扎数日后最终悲惨死去。

更让人痛心的是，以牺牲掉鲨鱼性命换来的鱼翅的营养也并非人们想象的那么丰富。鱼翅中仅蛋白质尤其是胶原蛋白含量高些，而综合营养价值并不比肉皮冻和鱼冻高多少。研究表明，每百克干鱼翅中含蛋白质83.5克、脂肪0.3克、钙146毫克、磷194毫克、铁15.2毫克，除蛋白质外，其余成分不值一提。而且鱼翅中蛋白质的含量虽然高达83.5%，但由于缺少色氨酸，属于不完全蛋白质，难以被人体吸收。

因此，人们享用鱼翅宴，并不能得到期盼中的营养补给。

尽管如此，还是有不少人对鱼翅趋之若鹜。这是因为有些老饕喜欢其柔嫩腴滑、软糯爽口、滋润舒适的独特口感。更为重要的是，鱼翅已不仅仅是种食物，更是地位、权力、财富和奢华的象征，仅此而已。

治癌明星

多年以来，不少科学家认为，鲨鱼是地球上唯一不得癌症的动物。

早在 1983 年，美国夏威夷大学的两位博士曾在《科学》杂志上发表文章，煞有介事地说鲨鱼软骨中的角鲨烯可以抑制癌细胞的生长。1992 年，美国威廉·兰斯博士《鲨鱼不会得癌症》一书出版，轰动一时。

1993 年，美国 CBS 电视台邀请威廉·兰斯以及多名癌症患者座谈鲨鱼软骨制品的抗癌效果，几位晚期患者当场表示服用后"症状减轻"。

1994 年，美国食品与药品管理局（FDA）正式批准鲨鱼软骨制剂上市。

这些事使"鲨鱼不会得癌症""鲨鱼软骨可以治疗癌症"的说法愈演愈烈，鲨鱼也从此被人们粉身碎骨、敲骨吸髓。

其实，上述说法根本不能成立，完全是又一种误解。2005 年，约翰·霍普金斯大学的生物和比较医学教授加里·奥斯特兰德就曾经针对鲨鱼不会得癌症的说法，列举了 40 例鲨鱼患肿瘤的例子进行驳斥。

约翰·哈斯巴格则在美国第 91 届抗癌学会年会上指出，软骨鱼类常得的 50 种癌症中，有 23 种来自鲨鱼。

在专家的多方呼吁下，2006 年，美国联邦贸易委员会最终正式裁定，禁止了对鲨鱼软骨制品抗癌效果的不实宣传，"鲨鱼不会得癌症""鲨鱼软骨可以治疗癌症"等神话才最终破灭。

救救鲨鱼

1996 年，加拿大纪录片《鲨鱼海洋》公映，这部纪录片告诉我们鲨鱼的真实故事。这一个半小时的纪录片会让你对鲨鱼的印象完全改观，并对它们岌岌可危的存活数目感到心惊。因为人们在防备鲨鱼攻击的同时，它们在这世上的另外一端被急速地猎杀，只为了满足饕客和印证所有关于鲨鱼不实的传说。鲨鱼被铁钩子钩住嘴巴，生拉硬拽地拖上捕鱼船，活生生地割下鱼鳍，这种血淋淋的残忍场面，赤裸裸地展现在面前，实在令人震惊。

客观地说，由于难以长期跟踪观察等原因，人类至今对鲨鱼的行为、习性和喜恶的了解仍然相当有限。又由于《大白鲨》等影片的夸张渲染以及我们以讹传讹的主观因素，长期以来，人们谈"鲨"色变，真的妖魔化了鲨鱼。

事实上，迄今，鲨鱼在地球上已经生活了 4 亿多年，是在恐龙之前就已存在于地球上的活化石。人类出现在地球上，却只有短短数百万年。因此，和鲨鱼这个地球上的老前辈相比，人类实在是连后辈也谈不上呢！不幸的是，此一时，彼一时，作为老前辈的鲨鱼，眼看就要因人类的滥捕滥杀和贪欲而灭绝了。据美国野生救援协会统计，近 15 年间，大西洋中的大白鲨减少了 79%、锤头鲨减少了 89%。

对海洋生态系统来说，鲨鱼是海洋中最重要的肉食动物，是海洋生物"食物链"中重要的一环，它们对许多海洋生物的数量起制约作用，而且特别容易受到过度捕捞的损坏。一旦它们的数量减少，就会威胁到整个海洋生态系统的平衡。

树还记得

Ent

如果有一天你拜访曼哈顿的第五大道，可以注意一下路边的行道树。你也许会发现一棵非常不友好的树——它的树干上缠绕着巨大而尖锐的棘刺。这些刺有的能长到比人的手掌还长，刚生出时还柔软而嫩绿，但很快就会变得坚硬无比。倘若你走累了，想倚靠树干歇息一下，必定会被扎得鲜血直流。

它叫美国皂荚。它的拉丁文意思是"三刺"，想必命名人也对它印象深刻。

可是这些刺毫无用途。它们虽然巨大而尖锐，可是太长也太稀疏了。常见的食草动物——比如鹿——几乎不会被这些刺干扰，它们灵巧的嘴无须太多工夫就能绕过尖刺啃到树皮，就像蚂蚁从篱笆的缝隙间穿过。

这没有道理。皂荚不应该做这样毫无意义的事情，它们不可能费心费力建筑一道无用的篱笆，在蚂蚁的世界里对抗巨人——除非，有巨人曾在此驻足，生态学家盖伊·罗宾逊说。

远在有第五大道之前，远在有任何大道之前，远在人类抵达美洲之前，在曼哈顿，在整个北美，曾经生活着一种巨兽。它叫乳齿象。它和今天的大象差不多大。它很可能是一种喜欢吃树皮的动物。

它随着一万三千年前人类的到来而灭绝。

没有关系，树还记得。乳齿象在这里生活了几百万年，美国皂荚也在这里生活了几百万年。它们是老邻居，哪怕只是互相充满敌意的邻居。在今天的非洲，金合欢树为了抵御非洲象而演化出了长而锐利的刺；完全可以想象，几百万年前美洲的皂荚树也做出了同样的尝试。哪怕乳齿象已经有一万三千年不曾拜访，基因也不会那么快被遗忘；它和它的刺还将留存许久。谁知道呢，也许再过一万三千年，第五大道就会深埋于尘埃之中，布朗克斯动物园里大象的后代又将在美洲漫游，重访每一处遥远的亲戚曾踏足的故地；树也将想起久远的恩怨，它的棘刺将重新派上用场。

但是故事还没有完。树也记住了人。

不会说话的鱼

佚　名

　　在阅读《美国联邦判例法》的时候读到这么一个判例：美国联邦议会批准了在小田纳西河上修建一座用于发电的水库，先后投入了一亿多美元。当大坝工程即将完工的时候，生物学家们发现大坝底有一种叫蜗牛鱼的珍稀鱼类，如果大坝最终建成的话，将影响这种鱼生活的环境而导致这种鱼的灭绝。于是环保组织向法院提出诉讼，要求大坝停工并放弃在此修建水库的计划。但在第一次诉讼中，他们失败了：初审法院认为大坝已经接近完工，浪费纳税人一亿多美元去保护一个鱼种是不明智的，拒绝判决大坝停工。环保组织又上诉到最高法院。终于，这种小鱼在最高法院赢得了它们的权利，法院判决停止大坝的建设，依据的是联邦在 1973 年颁布的《濒危物种法案》。这些小鱼可以在它们的家园自由地栖息，而在它们身边的，是那座被永久废弃的价值一亿多美元的大坝。之后，一家新闻传媒对此进行公众调查，90％以上的人认为停止大坝建设是对的。

透过这种令人感动的人文关怀和价值的取舍，我却想起了另外一个层面的问题：类似的法律问题如果发生在我们身边，会是怎样的情况？

首先是由谁来起诉的问题。在西方法律中，公益诉讼的起诉权被赋予了相关的社团甚至普通的公民。一个社团或公民只要认为政府或政府的某个行为已经侵害到他们的合法权益，就可以以自己的名义向法院直接提起诉讼。而我们的法律却不是这样。鱼不会说话，也不是民事诉讼或行政诉讼的主体，能说话的人却因为法律的设置而不能为鱼们的权利提起诉讼，这种纠纷或说是矛盾就无法进入司法程序。

于是，在报纸或电视上，我们经常可以发现这样的报道：某位科学家在某地发现某种濒危物种，于是他就倾自己的力量去研究保护它，但毁灭的力量因为利益的驱动而十分强大，在不停地奔走呼号中，他的声音终于得到上面某领导的重视并做出批示，这个物种终于得到了保护；某位文物保护专家奋力保护某个古迹，在各有关部门干涉下，文物终于得到了保护等。

看着这些报道，我们为结局感到欣慰的同时，还是要问：努力了却失败的又占多少呢？

在毁灭过程中无人关注的又有多少呢？在依法治国的今天，我们为什么不通过立法的方式将相关的起诉权交给普通的公民或者是相关的社团呢？鱼不会说话，但有关的环保组织可以替它在法庭上说话；古文物无言，但每一个富有正义感的公民都可以在法庭上陈述它的权利。

这种基于公益目的的诉讼甚至可以扩展到政府的文件上，如果你发现某个乡政府发出的红头文件属于乱收费之列，你完全可以告它没商量。新颁布的《行政复议法》有对政府规范性文件的合法性进行行政复议的设置，这在我国的法制建设史上，无疑是个巨大的进步。

我希望看到这样一天，有人能站在法庭上说："这些鱼儿虽然不能说话，但正义和法律要求我说……"

克莱米的死亡之旅

落 花

越来越多的科学家提醒人们，北极熊已经成为气候变暖的受害者，甚至有环保学者指出，北极熊很有可能在 21 世纪末消亡……

海上邂逅

挪威生物学家斯兰德从 1995 年起就一直研究北极熊的生存状况。2011 年 7 月，斯兰德带领一艘考察船前往加拿大东北部的哈德逊湾。船行驶了一段时间，有船员在大海中发现了一只北极熊带着两只幼崽正艰难地向前游着。它们全瘦成皮包骨，应该很久没吃东西了。它们距离最近的陆地有 500 多千米，如果不发生奇迹，这 3 只熊很难存活下来。

这时母熊看到考察船就像看到了希望，它带着孩子向船游过来。不过在距离船 50 米远的地方，它停了下来，不敢过度靠近。斯兰德连忙让人取了些肉投给北极熊母子。3 只熊风卷残云般将十几千克肉一扫而光，多少恢复了些元气。斯兰德又命令船员，引导 3 只北极熊向陆地的方向前进。

傍晚时分，其中一只小熊游不动了，开始在水面挣扎。斯兰德连忙让人放下渔网，将小熊打捞上船。这只浑身雪白却严重营养不良的小家伙是只小公熊，大约两岁，斯兰德给它取名叫克莱米。

第二天黎明时分，疲惫不堪的北极熊母子终于找到一块浮冰爬了上去。现在距离陆地已经不远了，北极熊应该可以顺利游过去。于是斯兰德在克莱米的颈上加装了跟踪器，把它放到浮冰上与母亲团聚，又投放了些肉给它们，这才带领船只离开。

求生苦旅

2012 年 3 月，斯兰德带着几名助手再度出发。他们循着追踪器的信号找到了克莱米，它已经离开母亲开始独立生活。它此时正在积极捕猎，为即将到来的漫长夏季做准备。因为在大海中，行动笨拙的北极熊无法捕捉海豹和别的海洋哺乳动物，它们必须依靠冰面为平台，而夏季一旦来临，浮冰融化，北极熊就只能挨饿了。克莱米刚刚离开母亲，捕猎的本领看起来相当拙劣。到了 6 月底，克莱米总共捕食了 35 只海豹，离它生存的下限还差一点儿。

不过，仿佛一夜之间，冰层开始迅速融化、崩塌，克莱米开始向几百千米外的陆地迁徙。不吃不喝地连续游了几天，克莱米来到了母亲曾带它歇脚的一座小岛上。

小岛高高耸立的峭壁上落满了厚嘴海鸥，理智的成年熊对这些鸟向来不屑一顾，可是，克莱米似乎已经饿得失去了理智，居然沿着陡峭的礁石向 200 多米高的悬崖攀爬。它庞大的身躯在峭壁上行进，随时都有坠落的危险，斯兰德感到一阵心酸——为一只海鸥冒这样的险真不值得。

第 10 天，路上仅靠一只厚嘴海鸥果腹的克莱米终于看到了陆地。北极的夏天也有青青的绿草、美丽的花朵，饿极了的克莱米居然开始啃食起地上的青草来。吃了几口草，克莱米又找了个小水洼，开始拼命喝水。这不是个好迹象，如果克莱米还健康，会代谢自己的脂肪来获得水分，这样的举动说明它已经没有脂肪了。

生命终结

被饥饿折磨的克莱米开始向陆地内部深入。在一个小土堆后面，克莱米发现了一具死去的同类尸体。它停下脚步，内心似乎在做着某种激烈的斗争，然后突然俯下身，开始啃食这具已经腐烂的同类的尸体。

游荡了半个多月，克莱米再没有找到半点儿可吃的东西。就在它快要坚持不下去时，一头带着幼崽的母熊出现了，克莱米远远尾随着它们。在接下来的一个多月里，克莱米靠捡拾它们剩下的少得可怜的食物勉强活了下来。但它已经饿得皮包骨头了，斯兰德拍下了它有气无力躺在地上的照片。乍看上去，那不是一头庞大的北极熊，而像是一张紧贴地面的熊皮。

这一天，母熊一反常态地紧追着克莱米不放。克莱米惊慌失措，没命地逃窜。好不容易摆脱了驱逐者，它趴在地上大口地喘着粗气，却没有留意到危险的降临——13 只北极狼呈半包围阵势悄悄向克莱米逼近。等它意识到危险时，已经晚了……克莱米终于没能迎来近在咫尺的冬天。

斯兰德满怀悲痛地离开哈德逊湾，不久后，这部真实记录克莱米最

王青 图

后生命足迹的纪录片公映，立刻引起轰动。很多人指责斯兰德在克莱米走投无路之际没有施以援手，对此，斯兰德在接受采访时袒露了心声。他说，对于克莱米的死，自己比任何人都要难过。但是，如果不能唤起所有人对北极熊族群的关注和忧患意识，对克莱米的一时援助无异于杯水车薪，即使挨过这个夏天，下一个更加漫长、难挨的夏天还在等着它。死亡，不仅属于克莱米，也是更多北极熊无法逃脱的宿命。

动物也有权利吗

木　头

　　人类有权利，而其他动物没有——无论他们与人类多么相似。是否应该赋予人类的近亲类人猿合法权利，一场争论由此而生。

　　希亚斯尔今年 27 岁，喜欢画画，爱吃香蕉，喜怒无常，甚至移情别恋。它的 DNA 有 98.4％是与人相同的，但希亚斯尔只是一只黑猩猩。

　　它在奥地利维也纳附近的动物庇护所度过了大半生。现在，该动物庇护所正面临破产，它和它的同伴前途未卜。尽管有人愿意捐钱，也有人愿意充当希亚斯尔的监护人，但是依照奥地利法律，只有人类才享有合法权利，拥有监护人。那么身为黑猩猩的希亚斯尔是否应该享有合法权利呢？

　　如果希亚斯尔生活在西班牙的巴利阿里群岛，情况就会大不相同。

2007 年 2 月,当地议会通过了一项议案,在世界上第一次赋予黑猩猩、倭黑猩猩、大猩猩和猩猩"个体权利",它们的地位与未成年人相当。

所有居住在巴利阿里群岛的猿类不再是人类的私有财产,而要受到监护人的保护,保证它们不受折磨、不受虐待。

巴利阿里群岛是第一个采纳"类人猿计划"的地方。"类人猿计划"是一个国际性组织,发起于 1993 年,由普林斯顿大学教授彼得·辛格和一些灵长类动物学家共同创办,旨在赋予类人猿"合法权利"。

目前"类人猿计划"在 7 个国家设有分部,他们希望通过说服当地政府来改变现有法律,为类人猿争取合法权利。

这个组织已经取得了一些成果:新西兰在 1999 年曾考虑将人权扩展到类人猿,并将其作为一项新的动物福利议案。尽管这个议案最终未能赋予类人猿合法权利,却给予了它们一些特殊保障,比如涉及类人猿的实验和教学都必须经过政府的特许,而且只允许将类人猿用于一些行为和生理方面的研究。美国在 2000 年 12 月将黑猩猩健康保护议案纳入法律,禁止对不再用于医学实验的黑猩猩实行安乐死,勒令当地政府为它们建造收容所。英国政府早在 1997 年就禁止将类人猿用于医学实验。随后,瑞典和奥地利纷纷效仿,直至 2002 年荷兰政府出台相同的举措,从而结束了欧洲的类人猿实验。

"类人猿计划"已经在施行,那么还存在什么问题呢?"类人猿计划"的倡导者称这些解决方案不够深入。目前类人猿的处境仍然十分艰难,它们仅仅是人类的一种私有财产,它们的主人根本不会考虑它们的利益,并且可以对它们为所欲为。要从根本上解决这个问题,还需要赋予类人猿"人权"。但是,从法律的角度讲,只有人类才有人权。这就需要我们从根本上改变法律,承认类人猿的合法权利。

然而，有些人认为赋予类人猿合法权利的观点过于偏激，甚至有点极端。在他们眼里，只有人类才享有人权。彼得·辛格解释说，"类人猿计划"正是要改变人类这种根深蒂固的观念。他说，现在的类人猿是被任意歧视的受害者，我们称之为"物种歧视"。人类因为自己在生命界的地位而倍感优越，正是这种"心灵上的优越感"导致了某种程度上的"物种歧视"。他进一步提出，应该将"人权"推广到所有有智力、有意识的生物中，包括具有自我意识、自我情感和社会需要的生物。这就需要我们突破"人类优于其他物种"的观念。

有些人从生物学角度提出了质疑："小鼠与人的 DNA 有 90％是相同的，他们是否应该享有人类 90％的权利呢？"有些人认为应该扩大"人权"的范围，比如赋予所有有知觉的动物这样的权利：动物不再是人类的私有财产。他们主张释放所有被囚禁的动物。有些人则对"类人猿计划"组织争取猿类权利的合理性有所怀疑。他们认为，权利的概念只能应用到有承担责任能力的人类身上，人类应该将重心放在对动物的保护和关爱上。

无论人们对于"类人猿计划"的态度如何，类人猿正濒临灭绝。

50 年前，非洲至少有 100 万只黑猩猩，而现在只剩下 15 万只；同样，倭黑猩猩也只剩下 1 万只。猩猩的数量更是急剧减少，如果继续破坏其居住地和任意捕杀的话，猩猩将会很快灭绝。由于受到致命的埃博拉病毒的威胁，目前存活的低地大猩猩不到 5000 只。现在只有山地大猩猩的数量在增加，据最近一次统计，约有 720 只。我们暂且抛开对"类人猿计划"的争议，如果将"类人猿计划"扩展到野生种群，那么就有可能加重对捕杀类人猿行为的惩罚。这样至少可以使人们更加关心类人猿，改善类人猿的生存现状。

　　"如果我们不保护我们的近亲，那么我们将会是地球上最残忍的物种！"究竟是否应该赋予类人猿合法权利，相信每个人的心里都有一份自己的答案。不管怎样，人们保护和关爱近亲类人猿义不容辞！

失去的森林

许达然

你大概还记得我的那只猴子阿山。你第一次来的时候，我带你上楼看它，它张大嘴，凶狠地瞪着你。我说如果你常来，它就会很和气了。

可是我不常回台南，因为你不常来。

那时我在台中做事，其实也没有什么事可做，就是读自己喜欢读的书。那时薪水用来吃饭、买书后已没有余钱回家，回家对我而言竟然是一种奢侈。即使有钱回家，也难得看到为了养家跑南跑北的父亲与为了点学问背东背西的五个弟弟妹妹。即使看到，也难得谈谈。即使谈谈，谈东谈西也谈不出东西来。回家时总还可以看得到的是母亲，因为家事是她的工作，还有阿山，因为跑不了的它总是被关在楼上。

但我因太久没回家，它看到我时，张大嘴陌生地瞪着我，它摸摸头，

好像想起些什么，似曾相识，却想不起我这个不常回家的人。即使它还
认得我，我也只能和它一起看天，而不能和它聊天。猴子就是猴子，和
人之间少了些"组织化的噪音"——语言。这些噪音竟然是很长的文明。
它不稀罕文明，却被关在文明里，被迫看不是猴子的人们。看人和人争挤，
人早认为猴子输了，不愿再和它打架。而且看人看久了也没有什么可看
的，所以我回家，对它而言只是多了一个没有什么可看的人。在家三四天，
我和它又混熟时，就又离家了。我说我走了，它张大着眼睛淡漠地看着
我这个自言自语的文明。

我离家后，大家都不得不忙些什么。只有母亲愿意告诉我阿山的生活，
但母亲不识字。

其实猴子的生活也没有什么可以特别叙述的。活着不一定平安，平
安不一定快乐。在人的世界里，文明不一定会让猴子快乐。我没问过阿
山快乐不快乐，是因为它听不懂这噪音，也是因为我一向不问那个问题。
记得从前有人问卡夫卡是不是和某某人一样寂寞，卡夫卡笑了笑说，他
本人就和卡夫卡一样寂寞。阿山就和阿山一样寂寞，它的世界在森林里。
我不但没有一棵树，我连种树的地方都没有。

我知道它在一个不属于它的地方——一条不应属于它的铁链内活着。
是我们给它铁链，它戴上后才知道那就是文明。是我们强迫它活着，它
活着才知道忍受文明是怎么一回事。我们既自私又残酷，却标榜慈悲，
不但关人也关动物。

后来接连有两个星期，它都静坐在一个角落，不理睬任何人。连我
母亲拿饭给它吃时，它也不像以前那样兴奋蹦跳，只是静静地坐在那里
吃着。母亲以为天气转冷它不大想动，但猴子突然的斯文反使她感到奇
怪了。有一次要给它洗澡时，母亲才发觉铁链的一段已在它的颈内。兽

医把阿山颈内那段铁链拿出来的时候，血从它颈内喷出，顺着铁链滴下……

　　我仿佛又看到它无可奈何地成长。长大不长大对它都是一样的，只是老而已，但我们仍强迫它长大。颈上的铁链会生锈却不会长大。

　　它要摆脱那条铁链，但它越挣扎铁链就越摩擦它的颈，颈越摩擦血就流得越多，血流得越多铁链就越生锈。颈越破越大，生锈的铁链就嵌进颈内了。日子久了，肉包住了铁。它痛，所以叫。它叫，可是常没有人听到。偶尔有人来看猴子，但看它并不就是关心它。他们偶尔听到它叫，听不懂，就骂："吃得饱饱的，还叫什么？"后来，它也就不叫了。可是不叫并不表示不痛。它痛，却只好坐在那里忍受。人忍受是为了什么，它忍受是为了什么？它忍受，所以它活着。它活着，所以它忍受。

　　如果铁是寂寞，它拔不出来，竟任血肉包住它。用血肉包住一块又硬又锈的寂寞，只是越包越痛苦而已。也许那块铁是抗议，但拿不出来的抗议使它越挣扎越软弱。也许那块铁是希望，但那只能是使它发脓发炎发呆的希望。

　　铁是铁，不是寂寞，不是抗议，不是希望，所以铁被拿出来后，它依旧无力地和寂寞坐着，和抗议坐着，和希望坐着。生命于它而言已不再是在原地跳跳跑跑走走的荒谬，而是坐坐坐的无聊。荒谬的不一定无聊，但对于它，无聊不过是静的荒谬而已。往上看，是那个怎样变都变不出什么花样的天。就算夜晚天空冒出很多星星，夜虽不是它们的铁链，它们也不敢乱跑。老是在那里的它看着老是在那里的天，也就没兴趣叫它了。就是向它鼓掌，天无目也看不见。往下看，是那条吃血后只会生锈的铁链。可是它已不愿再跟圈住它生命的文明玩了。

　　从前它常和铁链玩，因为它一伸手就摸到它，如果不和铁链玩，它和什么玩？和铁链玩就是和自己玩，和自己玩就如同是欺负自己，后来它连欺负自己的力气都没有了。往前看或往后看对它都是一样的，它看到自己除了黑以外没有什么意义。但那黑不是颜料，它不能用来画图。而就连它这点影子，夜也常要夺去。夜逼不了它睡，而它醒并不是它要醒。时间过去，时间又来。时间是它的寂寞，寂寞是它的铁链，这长时间与铁链坐着与无聊坐着的文静绝不是从前阿山的画像。

可是母亲的一个朋友很喜欢阿山，一再希望我们把它送给她。母亲舍不得这养了七年已成了我们家一部分的阿山，一直都没答应。

后来，母亲想起我们这六个孩子，女的出嫁了，男的在外当兵，在外做事，在外读书。从前肯跟阿山在一起玩的人都走了，留下已经长大了的它看守自己跑不了的影子。家里除了我父母亲外，它看不到一个从前熟悉的面孔。它不知道我们在哪里。我们知道它在哪里，但并不在家。母亲每次看到它就会想起从前我们这六个孩子和它玩的情趣，因而更加挂念不在家的我们。母亲想起我们，也忧心着阿山。想想阿山一向很喜欢小孩，就想把它送给那位有好几个还未长大离家的小孩的朋友，也许它可以得到更细心的照顾而会开心点，就把它送给朋友了。

不久，阿山就死了。可是，你一定还记得活着的阿山。你最后一次来的时候，我带你上楼看它，它张大的眼睛映着八月台南的阴天和你我的离愁。我说这次远行，再回家时它一定又不认得我了。我说要是我们常来看它，虽然它还是不会快乐，但就不会那么寂寞了。

荒野地

胡冬林

"旷野有眼，森林有耳。我将保持缄默，只看，只听。"这是艺术家进入荒野的态度，我们普通人呢？

我们生命的脚步太匆忙、太凌乱，大部分人已远离荒野，忘记森林，丧失了天人合一的至高感受。

荒野最有力、最壮丽的一笔是创造出形形色色的野生动物，它们是荒野的生灵，也是荒野的主人。

带着好奇、探究、尊崇之心进入荒野，雁群飞过头顶，蘑菇拱起落叶，野兔倏忽而过，秋花灿烂开放。田野宁静，天空明澈，荒野立刻以它的野性之美包裹了你。再深入进去，会得到与马鹿遥遥对视的惊喜，领教松鼠搬松塔砸人的手段，遭受黑熊打响鼻恫吓的恐惧，找到学鸟叫与鸟应答的快乐，聆听山溪流过石滩的娓娓述说。更深入进去，你将尽量抹去人的习性，安静地融入岩石草木之中，让自己成为荒野的一部分，让野生动物把你当成可以和平共处的同类，你会目睹野生世界发生的奇迹，那才是真正让你难忘的经历。

经历过这样的三部曲，你的命运会发生转折，从此站在荒野一边，视野生动物为兄弟姐妹。从此了解我们自身的起源、呼吸的空气、饮用的水源、种粮的土地、开采的石油矿产皆从荒野中来，荒野是地球生态系统的根基。

有这样一段荒野故事：一个经验老到的捕貂人在冰河上巧妙地凿出一个捕貂陷阱。那是一个1米多深、上细下粗的纺锤形狭长冰洞，里面放着一把干草和一只活老鼠。紫貂夜间踏冰觅食，嗅到老鼠的气味，钻进冰洞捕食，却再也无法从又高又细又滑的洞里爬出来。第二天早上，猎人把戴着手套的手硬生生挤进冰里，抻长胳膊要揪出紫貂。凶猛的紫貂钻进猎人掌中，龇出利齿狠狠咬住猎人的虎口，死不松口。猎人忍痛掐住紫貂，发力往外猛拔胳膊。但是由于手中握貂，洞颈过于狭窄，手臂被死死卡在冰洞里。他被困在冰河上，慢慢死去……这是往昔的荒野，一片奖惩分明、法力无边的神奇土地。

如今的荒野变成什么样子了？

再讲一个荒野的故事：20年前，在长白山的针叶林深处，一个老猎手砍倒了一棵落叶松。他事先算准树倒的方向，使倒树准确地架在十多米开外的另一个大树桩上，把整棵树离地5米横架在空中。他这么干有个缘由：等三十多年后，这棵倒木上将长出一种叫松萝的寄生植物，獐子（原麝）最喜欢吃松萝。那时自己的小孙子长大了，可以在这棵倒木上下套子套獐子。然而，由于过度猎杀，长白山的獐子现已基本绝迹。

同时由于气候变暖，森林过度干燥，松萝正在大面积消失……这是如今的荒野，一片十分脆弱、危机不断、正在消失的土地。

地球上的荒野遭遇了空前的危机，地球早已不是原来那个自然资源取之不尽的地球。多看看荒野，多谈谈荒野，多去去荒野，为荒野的存在做一些我们力所能及的事，哪怕是一件小事；为荒野的存在改变我们的某些不良习惯，哪怕是一个小习惯；为荒野的存在跟孩子们讲讲荒野的故事，哪怕花费时间找故事。荒野是我们的财富和家园，也是我们留给子孙后代最好的礼物。

离太阳最近的树

毕淑敏

30年前，我在西藏阿里当兵。

这世界的第三极，平均海拔5000米，冰峰林立，雪原寂寥。不知是神灵的佑护还是大自然的疏忽，在荒漠的皱褶里，有时会不可思议地生存着一片红柳丛。它们有着铁一样锈红的枝干，凤羽般纷披的碎叶，偶尔会开出谷穗样细密的花，对着高原的酷寒和缺氧微笑。这高原的精灵，是离太阳最近的绿树，百年才能长成小小的一蓬。到藏区巡回医疗，我骑马穿行于略带苍蓝色的红柳丛中，曾以为它必与雪域永在。

一天，司务长布置任务——全体打柴去！

我以为自己听错了，高原之上，哪里有柴？

原来是驱车上百千米，把红柳挖出来，当柴火烧。

我大惊，说，红柳挖了，高原上仅有的树不就绝了吗？

司务长回答，你要吃饭，对不对？饭要烧熟，对不对？烧熟要用柴火，对不对？柴火就是红柳，对不对？

我说，红柳不是柴火，它是活的，它有生命。做饭可以用汽油，可以用焦炭，为什么要用高原上唯一的绿色！

司务长说，拉一车汽油上山，路上就要耗掉两车汽油。焦炭运上来，500克的价钱等于3000克白面。红柳是不要钱的，你算算这个账吧！

挖红柳的队伍，带着铁锨、镐头和斧头，浩浩荡荡地出发了。

红柳通常都长在沙丘上。一座结实的沙丘顶上，昂然立着一株红柳，它的根像巨大章鱼的无数脚爪，缠附至沙丘逶迤的边缘。

我很奇怪，红柳为什么不找个背风的地方猫着呢？这样生存中也好少些艰辛。老兵说，你本末倒置了，不是红柳在沙丘上，而是因为有了这棵红柳，固住了流沙。随着红柳的渐渐长大，被固住的流沙越来越多，最后便聚成一座沙山。红柳的根有多广，那沙山就有多大。

啊，红柳如同冰山，露在沙上的部分只有十分之一，伟大的力量埋在地下。

红柳的枝叶算不得好柴火。它们在灶膛里像闪电一样，转眼就释放完了，炊事员说它们一点后劲也没有。真正顽强的是红柳强大的根系。

王 青 图

它们如盘卷的金属，坚挺而富有韧性，与沙砾粘结得如同钢筋混凝土。一旦燃烧起来，持续而稳定地吐出熊熊的烈焰，好像把千万年来从太阳那里索得的光芒，压缩后爆裂出来。金红的火焰中，每一块红柳根，都长久地维持着盘根错节的形状，好像傲然不屈的英魂。

把红柳根从沙丘掘出，蕴含着很可怕的工作量。红柳与土地生死相依，人们要先费几天的时间，将大半个沙山掏净。这样，红柳就枝丫遒劲地腾越在旷野之上，好似一副镂空的恐龙骨架。这时需请来最有气力的男子汉，用利斧，将这活着的巨型根雕与大地最后的联系一一斩断，整个红柳丛就訇然倒下了。

连年砍伐，人们先找那些比较幼细的红柳下手，因为所费气力较少。但一年年过去，易挖的红柳已经绝迹，只剩那些最古老的树灵了。

掏挖沙山的工期越来越漫长，最健硕有力的小伙子，也折不断红柳苍老的手臂了。于是人们想出了高技术的法子——用炸药！

只需在红柳根部，挖一条深深的巷子，用架子把火药探进去，人伏得远远的，将长长的炸药捻点燃。深远的寂静之后，只听轰的一声，再幽深的树怪，也尸骸散地了。

我们风餐露宿。今年可以看到，去年被掘走红柳的沙丘，好像做了眼球摘除术的伤员，依旧大睁着空洞的眼睑，怒向苍穹。但这触目惊心的景象不会持续太久，待到第三年，那沙丘已烟消云散，好像此地从来不曾生存过什么千年古木，堆聚过亿万颗沙砾。

听最近到过阿里的人讲，红柳林早已被掘净烧光，连根须都烟消灰灭了。

有时深夜，我会突然想起那些高原上的"原住民"，它们的魂魄，如今栖息在何处？会想到，那些曾经被固住的黄沙，是否已飘洒到世界各处？

一亩树林的作用

佚　名

一亩树林，每天能吸收 67 千克二氧化碳，释放 49 千克氧气，足够 65 个人呼吸之用。

一亩树林，一个月可吸收二氧化硫 4 千克，相当于一台杀菌剂制造机。

一亩树林，一年可吸收灰尘 22~60 吨，它是一台天然的吸尘器。

一亩松柏林，一昼夜能分泌出 2 千克杀菌素，可杀死肺结核、伤寒、白喉、痢疾等病菌。

一亩阔叶林，一年可蒸发 300 多吨水。因此，森林多的地区，常常是风调雨顺。

一亩防风林，可以保护 100 多亩农田免受风灾。

一亩树林比一亩无林地多蓄水 20 吨，等于一座地下水池。

一亩树林除每年提供 1 立方米木材外，还可提供许多工业原料、燃料、饲料、油料等等。

如果世界上没有森林，地球上 70％ 的淡水将白白流入大海，许多地区的风速将增强 60％ ~80％。

"发现"的隐忧

雷晓路

　　人，是一种有着无穷欲望和好奇心的特殊"动物"，于是，便有了永无休止的"发现"和"发现"后的兴奋与满足。一次次的"发现"，人类对自然与社会的认识随之逐步深化。

　　每一次"发现"，都给人类带来了诸多难以尽述的益处。但是"发现"并非只有正面效应，有的也隐含着负面的因子。

　　百多年来，藏羚羊的繁殖地究竟在哪里？一直是困扰动物学家的谜。近年来，多位动物学家，探险者及一些科考队相继破解了这一谜团，《藏羚羊摄影展》更直观、形象地告诉了人们，位于远离藏羚羊南方栖息地1000多千米的青海可可西里湖和卓乃湖畔，即是母藏羚羊每年6月从南方北上，长途跋涉、历经千难万险要到达的繁殖地。

诚然，这些"发现"对研究藏羚羊的迁徙、繁殖及其他生活习性有着重要的科学价值，但一丝隐忧也悄然袭上我的心头。在人类"发现"这一隐秘之前，数千只藏羚羊妈妈可以无忧无虑地生儿育女，繁衍它们已经为数不多的种群。如今，由于人类足迹的闯入，打破了藏羚羊繁殖地昔日的安谧和宁静。如果让疯狂的偷猎者得知了这一"发现"蜂拥而至的话，步履蹒跚的藏羚羊妈妈和它们幼小孱弱的孩子们将会面临怎样的噩运，我不敢再往下想了……

此时，我蓦然忆起一则服装史话。17~18 世纪时，为了束腰凸胸，穿着撑起的、状似鸟笼的裙子，成为欧洲女士们的一种时尚。但这一审美趣味却苦煞了服装制造商，用什么来做裙子的支撑物呢？钢丝结实，却笨重；木条虽轻，却易折。就在服装设计师们走投无路之际，忽然传来了一条好消息，有人发现了鲸须的妙用，既有弹性，可以用它来支撑起裙子，又具韧性，任你卧坐屈伸都不会折断。于是，鲸须成了制衣业的一大支柱，用量剧增，价格飙升。结果，几十万头鲸鱼为此一命呜呼！

由此再联想到普氏野马和野骆驼等野生动物们被"发现"后的悲惨命运。据史料记载，19 世纪 70 年代，俄国军官、旅行家普尔热瓦尔斯基曾多次深入我国的内蒙古、新疆、藏北等沙漠、戈壁地区旅行、考察，并撰写了《神秘之地内蒙古和荒凉之地藏北》和《从库尔加穿越天山到罗布泊》两个报告，其中的有关篇幅，详细介绍了他"发现"野马和野骆驼的经历，这两个报告一经公之于众，即轰动了世界。其后，西方各国的科考队、探险家、捕猎者纷至沓来，很快，普氏野马数量骤减，20世纪 20 年代，最后一匹野生普氏野马在内蒙古境内孤独地死去了。被"发现"后的野骆驼境况似乎也不太妙，在人类对野骆驼生存环境的持续侵扰、破坏和不断猎捕、追杀下，野骆驼已"人丁"寥寥，濒临灭绝，成为比大熊猫还稀有的物种。

　　当今社会，我们越来越强调和重视保护人的隐私权。有时我想，自然界中的野生动物，是否也应有自己的隐私权。我们为什么非要穷究一切呢？人类似乎应有所选择和克制，不必过多地去探索、"发现""窥视"、干预它们的生活。也许，给藏羚羊等野生动物们留下一些已经少得可怜的隐秘空间，使人类对这些可爱的生命保存些神秘感，可能对我们彼此，都是善莫大焉之事。

顶级美食背后的残酷真相

王　卉

　　网上曾经盛传过一个批判中国人"极端饮食"的帖子，举例甚多，包括生吃猴脑、生烤鹅掌、活叫驴、风干鸡、铁板甲鱼、活焖鳖、三吱儿……这类残酷美食曾经名噪一时，令美食老饕们趋之若鹜，成为品位的象征。但由于制作方法残忍，在今天这个倡导人道主义的社会，已经逐渐绝迹了。其实这类顶级的残酷美食遍布世界各地，又岂是中国人的专利。富人们坐在金碧辉煌的高级餐厅，尊贵地享受着这些美食，而与之形成鲜明对比的背后，其血腥真相显得何等讽刺。真相揭露之后，你是选择充耳不闻，还是放下手中那犹如屠刀的刀叉？

滴血的鱼翅何时能从餐桌上消失

最近经常在电视上看到关于拒绝食用鱼翅的公益广告，拍得非常震撼，确实让不少认为吃鱼翅是理所当然的人为之警觉：鱼翅，真的非吃不可吗？

其实说起来惭愧，吃鱼翅的风气确实源于咱们中国人。鱼翅是海味八珍之一，与燕窝、海参和鲍鱼合称为中国"四大美味"。但中国人的这个饮食传统，却给鲨鱼这种海上霸王带来了灭顶之灾。在庞大的市场需求和高额利润的诱惑下，世界各地的渔民争相捕杀鲨鱼，供应给世界各地的华人。仅香港一地的供应量，就占全球鱼翅进口量的52%，每年平均进口4000至5000多吨鱼翅，换算下来，相当于每年捕杀7300万条鲨鱼。

为什么一直以来，人们对于吃鱼翅不会产生强烈的罪恶感，直到近几年因大量食用鱼翅导致鲨鱼数量锐减、濒临灭绝，才唤起人们的保护意识？鲨鱼凶残吃人，我们吃它们的鳍，又何来残忍一说？看来《大白鲨》这类电影给人们造成了误区。事实上，鲨鱼哪有我们想象的那么可怕。每年被鲨鱼咬的人不超过10个，而被人咬的鲨鱼却至少有7000万条！当你知道鲨鱼鳍是如何变成你碗中丝丝晶莹的鱼翅羹后，你或许才明白什么是真正的凶残。

优质的鱼翅，必须是从活生生的鲨鱼身上割下来的，所以渔民们用各种各样的方式捕捉到活的鲨鱼后，先是测量，然后开始切割鱼鳍，从最大的背鳍开始，接着是胸鳍、尾鳍，有的连鲨鱼体内的内脏都不放过。而此时的鲨鱼并没有死，还是活的，活着"享受"被肢解的命运。当鲨鱼身上珍贵的鱼鳍被割掉之后，渔民们为了有更多的空间存放鲨鱼鳍，便把还在挣扎的鲨鱼当成垃圾一样，重新抛进海里。鲨鱼是海洋生物里生命力最顽强的，所以并不会立刻死亡。它们就这样一动不动地待在海底，要么被其他鱼类吃掉，要么经过四五天把血流干死去，或是活活饿死。

如果看了鱼翅制作的过程，看了有着海中霸王之称、统领海洋几亿年的鲨鱼是怎样惨死的，而各地的食客们还能心安理得地享用它们流血的鳍，那除了为鲨鱼默哀，还能如何。

顶级鹅肝，源自顶级酷刑

如果说拒绝吃鱼翅被越来越多的环保主义者提倡，开始引起人们的重视，那么，远在匈牙利的无数命运悲惨的鹅，又有谁会为它们鸣不平？

有句玩笑话是这么说的："一只鹅如果活在匈牙利，恐怕几辈子都不会想再投胎做鹅。"此话不假。鹅肝是法国大餐中的顶级美食，口感细腻、入口即化，其昂贵的价格更让普通人望而却步。但是法国却不是鹅肝生产的第一大国，因为其残忍的生产过程引起了法国国内动物保护组织的强烈反对，于是拥有悠久养鹅历史的匈牙利就成为生产鹅肝的第一大国。鹅肝的生产过程到底有多残忍呢？估计看过的人再不会对这一美食那么趋之若鹜了。

一只出生在匈牙利的鹅，一生中只能过几个小时正常的"鹅生活"。它们出生不久，就被当地农场主认领回家，开始悲剧的一生。开始的12个星期，幼鹅被塞进小笼子，铁栅栏外只露出一排排脖子，被固定在专门训练颈部肌肉的架子上。农场主每天增加喂食量，努力把小鹅的胃撑成一只面袋子。等小鹅的颈部肌肉和肠胃都练得跟钢铁一样坚强，真正的酷刑才开始。每天早、中、晚3次，农场主会把一根长20~30厘米的铁管，直捅进鹅的喉咙深处。12千克玉米和其他饲料的混合物，就从这个管道被填塞到成年鹅的胃里，还来不及消化，又被迫接受下一顿。即使这些鹅不想吃东西，它们还是被逼进食。

这些鹅除了嘴巴、喉咙受伤，还必须每天忍受胃痛、脚痛，终日生活在不能动弹的笼子里，连看一眼天空或河水的机会都没有，直到18天以后，一副比正常鹅肝大6倍~10倍的脂肪肝培育完成。只有将这种病态、肥胖的鹅肝，小心翼翼、毫无破损地取出来烹调，才能制成真正意义上的法国顶级美味鹅肝。有少许破损的鹅肝，只好被碾碎制成鹅肝酱，价格当然也就低了许多。

一只鹅悲惨的一生，换来了绅士淑女们烛光晚餐中的一道美食，不知道他们谈笑风生间，有没有听到盘中鹅的悲鸣？

人类对美食的构思从来都是源源不绝，在改进的过程中，已经有许多不被人道主义接受的残酷美食被淘汰或被禁止，诸如熊掌、猴脑之类。人类为了维持生存，食用比自己低端的生物，是食物链的一环，在食用的过程中想法满足自己的味蕾也无可厚非。但用某种极端的方式以满足一时的口舌之欲，真的有必要吗？特别是一些传统的顶级美食，并不见得对人体有益，比如鱼翅这种高档美味被水银污染的程度高达70%，长期食用鹅肝容易造成胆固醇过高。当这些真相暴露在你眼前时，即便它们再高级，你还吃得下吗？

海豹猎人之死

刘 墉

30 年前，我毕业旅行来到兰屿。

出台湾能搭小飞机飞过浩渺的烟波，到一个与世隔绝、景观完全不同的小岛，我兴奋极了！

更令我兴奋的是见到了兰屿当地人，他们穿着丁字裤，推着两头尖尖的船，晚上在海上点起火把，引来飞鱼。

黑黑的夜色中，海上火把的光闪烁着。风吹来，浪打来，站在海边的感觉真美。

最难忘的是我班上一位女生收了个兰屿女孩做干妹妹。虽然才认识几天，那小女孩却体贴地对干姐姐说："回去多穿点衣服吧，西风起了，你会受凉的。"

我永远忘不了她那无邪的脸孔和她说的话："姐姐，你知道吗？我们兰屿人都好穷、好短命。日本人以前把我们隔离起来，故意不让我们接受教育，把我们当原始人，害得我们到现在还这么落后……"

20多年前，我到台湾南部一个城市。

经过一条路，路中间居然有一口井。

"这是一口古井，是被保护的文物。"当地的朋友对我说，"可是这么多年来，它在这儿很不方便，也很危险，已经有好几个人，夜里骑机车，因为撞到这口井，死了。"

十几年前，我到台湾北部的一个小镇。

镇上有一座著名的庙宇，香火旺盛。庙旁是条老街，走在其中，如同进入历史。

"真美！"我说，"保护得真好。"

"可是你知道吗？因为是古迹，政府规定要保护，不准改建。"

当地人笑着对我说，"结果房子愈来愈旧，又阴又湿，住在里面的很多人得了风湿和哮喘。更可怕的是，哪一天地震来了，百年老屋垮了，我们全得被压死在里面。"

前年，在《读者文摘》上看到一篇题为《海豹猎人之死》的文章。

在加拿大北极小村里住着一家人。男主人皮泰图靠猎取环斑海豹为生，每张海豹皮可以卖到11美元。

但是1975年秋天，很多人都在电视上看到了一段惊心动魄的纪录片。那是绿色和平组织带着记者团去拍摄的，拍下了爱斯基摩人猎取海豹的残忍镜头。

新闻媒体大力炒作，电影明星和欧美的政治人物也加入保护行动。

绿色和平组织的总干事罗勃特·亨特提出警告："如果不禁猎，格陵兰海豹将在 5 年内绝种。"

这个号称"心灵炸弹"的新闻迅速传开了。1983 年，欧洲议会在舆论的压力下终于宣布禁止幼海豹皮在欧洲出售。

不卖幼海豹皮，整个海豹皮市场萎缩了。

没有人再买海豹皮衣，猎海豹者被看成了刽子手。

但加拿大野生动物基金会会长说："我们并不担心格陵兰海豹绝种。"受委托调查的人道机构，也发现猎杀海豹的方法并不是不人道的。

加拿大北极圈内的猎人断了生计，11 年内有 152 人自杀。

有一天，皮泰图离开家，挥手向妻子道别，这是他结婚以来第一次这样道别。

皮泰图再也没有回来，他死在了一片碎冰之间。

不久前，看电视上的专题报道。

孟加拉的街头，衣衫褴褛的大人、衣衫破旧的孩子，对着镜头，清瘦的面庞上有一对无助的大眼睛。

旁白说，联合国儿童保护组织指责孟加拉的企业雇用童工，使孩子受到伤害。

于是童工们被解雇了。他们流落街头，有些甚至沦为雏妓。

联合国儿童保护组织不得不回头，采取让步和补偿的措施。

跟昆虫学家陈维寿老师聊天。

"你知道以前台湾卖蝴蝶赚了多少钱吗？"陈老师说，"单单在黄蝶翠谷一年就能抓五六千万只。"

"这不是破坏生态平衡吗？"我说。

"错了！"他笑着说，"后来经济不景气，蝴蝶出口没落了，黄蝶翠谷的蝴蝶被抓得少，数量反而减少了。因为，那里 10 天就能出生一两千万只蝴蝶，没人抓，数量太多，把树芽都吃光了，后来的就饿死了……"

看台大研究所学生关孙知写的文章《人与大自然的矛盾》。

初春的云贵高原，农民开始播种，但是种子才播好，就可能被由青藏高原飞来的黑颈鹤吃掉。

黑颈鹤是保护动物，政府规定杀一只就要被关7年。

农民只能用各种方法驱赶。只是，才赶走一批，又飞来一批。

令人心惊的是，在宴会上，端上了一盘又一盘大菜。

关孙知算了算，一共18道，大多为云南特产，甚至包括穿山甲……当一种全世界只剩几只的猛兽向人扑过来时，如果你手上有枪，你是打死那野兽，还是任它去咬死人？

"全世界有几十亿的人，死一个算什么？"你会不会这么想？

抑或，你会毫不犹豫地射杀野兽？

这个世界不是人类专有的，我们要尊重地球村里的每一名成员。

但是，当我们大唱高调，当我们举着牌子站在百货公司门口，高喊"不准屠杀动物、猎取毛皮"的时候，我们有没有为贫苦山村的猎人送上冬衣？

当我们保护一口井，为那古迹请命的时候，我们是想出改道的办法，还是任它在那儿伤害我们的同胞？

当我们高喊这世界上的物种正在以空前的速度减少时，我们有没有想过自己造成的污染正是最大的祸害？

当我们高喊保护雨林的时候，我们有没有好好利用每一张纸，使这世上能多留一棵树？

我们可以扮成仁者的样子，打着领结、端着香槟，参加保护古迹和野生动物的募款餐会。看山珍海味一道道上来，却听不到山巅海滨一声声的哀叹。

作为美国自然历史博物馆和世界野生动物保护协会的资深会员，我常想，当我抢救一朵小花的时候，是不是践踏了无辜的小草？我也常想，文明世界的人，是不是做了许多伪善的事？

地球这艘大船

徐 刚

德国科学家乌·希普克问道："地球这艘大船还有救吗？"

每天，地球上的人会吃掉 600 多万吨粮食。

每天，有 5.5 万公顷森林被毁，有 800 万吨水土流失，有 163 平方千米的土地变为不毛之地。

全球粮食年总产量为 15 亿吨。而粮食种类在灭绝了绝大部分之后，目前主要的只有 8 种：小麦、稻米、玉米、大麦、燕麦、高粱、小米和黑麦。而多数城市居民通常只食用其中两种：小麦和稻米。如果全世界的土地均因污染、沙化、城市化而不再耕种，世界存粮只能维持 40 天。

每天有 5600 万吨二氧化碳排入大气层。在工业生产过程中，每天有 1500 吨吞噬臭氧的氯氟烃排入大气层。世界上大约有 15 亿城市居民在呼吸被污染的空气，每天至少有 800 人因空气污染而死亡。

每天至少有 1500 人死于饮用不洁水造成的疾病，其中大部分是儿童。

每天人类从江河湖海中捕捞 2.3 亿千克的鱼类和贝类。

每天有 12000 桶石油被泄漏到海洋中，约 1.8 万吨垃圾从船上被丢入海中。

每天早晨在世界各地启动的汽车约为 5 亿辆，同时每天还有 14 万辆新车加入其中。

每天的核发电量占世界能源消费的 5%，产生的核废料有 26 吨。

每天，世界各国的军费开支总共达 25 亿美元，每天都有数目不详的人死于各类战争、埋设的地雷爆炸，大约还有 1 亿颗地雷等人去踩。

中国每年出生 1400 万人，这意味着每一年就多出一个北京市的人口，每个月就多出中国东南部一个大县的人口，每周就多出一个小县的人口，每天就多出 3.8 万人。当我们抽完一支烟，中国已经有将近 300 个小生命呱呱坠地。

中国每年增加的国民收入中，有 1/4 用于新增加的人口。

从 1949 年至今，中国每年平均减少耕地 700 万亩，也就是说，每当一个小生命飘然而至时，中国却有半亩养家糊口的耕地飘逝而去。

每一天，中国人要吃掉 6000 万千克猪肉，1000 万千克食用油，7.5 亿千克粮食。而每年在餐桌上浪费的粮食高达 30 多亿千克。

中国的粮食由于管理、运输、加工等技术条件落后，从生产到销售各环节的浪费量占总量的 10%。

中国每年的酿酒用粮为 150 亿千克。

中国至少有 1 亿条狗，每年耗粮 1000 亿千克。

中国还有难以计数的老鼠，在各种各样的蛇几乎被人们捕食殆尽之后，老鼠大行其道。每年被它们偷吃的粮食为几亿千克。

神奇的地球，如同一艘大船，给了我们诗意的生存环境，可是在人们的掠夺与破坏下，这艘大船正在四处漏水，恩赐似乎正在渐渐离我们远去。

黎　青 图

曾经，有一个地球

张曼娟

谷雨才刚过去，立夏还未来临的时候，岛上的气候着实阴霾了一阵子。谷已成雨，夏犹未立。

因为气流的变化，我所居住的地区，空气里有一股腐败恶臭，特属垃圾的气味。

由前几年的不能容忍，难以置信，到现在的不以为意，我看见自己性情中的姑息。

朋友送我回家，开车门时大惊失色："天啊，怎么这么臭！"

不知怎的，我仿佛有些愧意，分辩说："还好啦，天气不好嘛！"

垃圾掩埋场尚未动工，隐隐然便觉得事情不会像有关单位允诺的那样完美。问题果然发生，渐渐连指责的力气都没有了。前几个月，本区居民强烈要求垃圾场迁移，并有小规模的抗议陈情。

反复思量，终究没有去参加。因为，垃圾处理已形同灾难，如果，无法寻得解决脏与臭的方法，那么，迁移到任何地方都是灾难。我们已是受害者，怎么忍心再把灾害推给别人？

是的，我知道这是愚不可及的愚仁愚义（但，聪明人并没有提出什么好办法）。

我在自己的想法中取得平衡。每夜，自腐臭的气味中归来，进入门窗紧闭的小屋，安静地读书、写作，甚至带着浪漫的情绪，给远方的友人复信。

4月22日，世界地球日。

我并没有刻意穿上绿衫子，因为再怎样也不能变成一棵树，只是拒绝外出的邀约，避免污染或被污染。

也就在那天的晚间新闻中，我看见国外传播媒体拍摄的影片：有人在屠杀海豚的现况。

我一直知道，人们为取象牙而屠杀大象，为保护农作物而屠杀袋鼠，为减少的渔获而屠杀海豚，为口腹之欲而屠杀各式各样的飞禽走兽。

曾经，我带着三个活泼可爱的小孩，去市场买活鱼。孩子们快乐地挑选了一尾鱼，鱼被敲昏以后，在砧板上迅速被开膛破肚。拎着鱼回家时，鱼在塑料袋里仍不时挣动，孩子问我：

"把鱼放回水里，它能不能活？"

（后来我才想起那是孩子的不忍和企求。）晚餐时，他们全体拒食那尾新鲜美味的红烧鱼。那大概是他们人生中，第一次面对杀戮和血腥，他们觉得恐惧，或者还有厌弃吧。

可是，经历多了，是不是也会变得无动于衷？

我在海洋世界看见那些体型优美的海豚，聪敏灵巧，撒娇地向观众讨掌声。这是智能仅次于人类的动物，它们在所有的童话故事里，都是人类善良、有感情的好朋友。

然而，在海滨的渔船上，一条活生生的海豚，未经麻醉或特殊处理，被人用锯刀削下头来，血泊之中，海豚因剧烈痛楚而弹跳，它的头便一寸一寸地脱离身躯……当我看见这个画面的时候，几乎忍不住从肺腑之中痛嚎出声，肝胆俱摧。

但，我们的孩子，那些在船边围观的孩子，尖锐亢奋地叫着、笑着，这个残暴的仪式，仿佛是他们的嘉年华会。

童年记忆，永不磨灭。孩子们长大以后，会不会变成嗜血的人？

人们害怕离散、苦痛，却时时将这样的厄运横加于其他生物的身上。

根据植物学家研究，即便是树木，也能传递彼此的信息，也有相通的灵犀。在阿里山上，有一座让树魂寄托的碑，因树林无故遭到砍伐。这样的补偿，确有庄严意义。

如果植物都有感觉，动物便该有七情六欲了。

国外动物保护人员在澎湖海边，发现撞港自杀的海豚，很觉惊异。

推想它大概情绪低沉或受了刺激，才有厌世的做法。我却想，假若，它亲睹自己的骨肉、同伴或情人遭受屠杀，那么，它如何表达悲恸与怨愤？

它也是有知觉、有情感、有记忆的啊！

每一年，地球上平均有两种动物灭种绝迹，再进步的科学，也不能再造已经灭绝的生物。

不知还要过多少年，河川全遭污染毒害，山林全被破坏殆尽，动植物都无法生存，地球上没有四季。

因为人类是聪明的，不致完全灭绝，极少数残存的人类，在外层空间飘荡着，不知经历多少光年，企图寻找第二个地球。一代又一代，在宇宙飞船里传授知识，放映影片给孩子看。

这是海，海里有许多鱼，最聪明的是海豚……当然，已经绝种了。

这是树林，这是松鼠，这是鹿，这是蝴蝶……是的，真是太美了，可惜，也绝种了。

这是田地，金黄色的谷粒是人类的食物，这是蔬菜，这是水果，都是人类的食物。可是，人类把所有的一切都破坏了,把整个地球都毁灭了!

人类是什么？我也问过我的老师，可是，没有答案。孩子们，我想，人类也许是邪恶贪婪的可怕力量，他们可能会毁了一切，当然也必然会毁了自己。

如今，我们不停地流浪漂泊，就是在找寻另一个地球。

那已经是好久好久以前的事了，曾经，有一个地球。

立即停止，给地球一个喘息的机会

农晓娟

地震、海啸、飓风、洪水……2011 年刚开始，地球就一次次地把人类带入未知莫测的恐惧中。来势汹汹的灾害与人类百年来对大自然的过度破坏不无关系，然而人类还在继续这些破坏行为。醒醒吧，人类！

停止无序无限地建造核电站

地震过后，福岛第一核电站发生的一系列事故，令世人不禁"谈核色变"。尽管核电站爆炸是小概率事件，然而一旦核电站发生事故，后果将不堪设想。地震过后，我国政府反应及时，立即全面审查我国在建的核电站，以确保核电站的安全。安全问题刻不容缓，请立即停止无序无限地建造核电站，用其他能源替代核能。

停止砍树

广袤的森林，是地球的肺。然而这个肺早就千疮百孔，全球森林资源告急。森林是生物链的重要一环，如果森林"病了"，生物链就会出状况，灾难也将随之接踵而至。为了人类生存的家园，请立即停止砍树。

停止活熊取胆

动物是人类的朋友，不是人类肆意虐待的玩具。请立即停止活熊取胆，解救黑熊；拒绝熊胆制品，让黑熊回家；促进立法，保护动物。

停止大量捕杀海洋生物

每头鲸都能储存大量的碳。据了解，某国借科研为由，大量捕杀鲸类，造成了鲸的数量急剧减少。据称，人类一个世纪的捕鲸量相当于烧毁2831.72平方千米的温带森林或2.8万辆越野车行驶100年所增加的碳排放量。海洋存储和隔离碳的能力已经改变，请立即停止大量捕杀海洋生物。

停止在大江大河上盲目建大坝

两位已退休10多年的老科学家，近日提出"担心水电大规模开发引发地质灾难"。尽管"主坝派"回应了"反坝派"的质疑声，但历史的经验告诉我们，在大自然头上开刀，逆自然规律而行，会遭到大自然的惩罚，请停止在大江大河上盲目建大坝。

停止燃放大型焰火

张牙舞爪的焰火经常会变成熊熊烈火，人类为一时的欢愉付出了一次又一次惨重的代价。或许，人类可以换一个方式表示庆祝，请立即停止燃放大型焰火。

停止用霓虹灯装点城市的夜晚

漂亮的霓虹灯，也是浪费的霓虹灯。如果将一座城市一个晚上霓虹灯所消耗的电能做一个统计，这个数字将是触目惊心的。而霓虹灯天天都在装点着城市的夜晚……请立即停止用大量的霓虹灯装点城市的夜晚。

停止过度开采自然资源

地下水被过度开采，地面就会下沉；能源被过度开采，会造成海洋、淡水严重污染；过度开采矿石，山体会出现裂缝……过度开采自然资源，给人类带来了无法弥补的损失，地球生态系统无法修复。为了下一代的碧水蓝天，请立即停止过度开采自然资源。

城市的鸟嗓门更大

航　雁

　　据报道，城市里的鸟目前正在提高嗓门，叫出更大的声音，以便盖过城市的嘈杂声。但是城市生活噪声对花鸡、篱雀等声限无法超过嘈杂声的鸟来说却十分有害，这一研究报告登载在新一期的《自然》杂志上。

　　荷兰的一个研究小组首次对大量鸟类进行观察，结果发现，那些在主要街道和繁忙的交叉路口活动的鸟儿叫声更大，这样做是为了确保同伴能在喧闹纷乱中听见自己的叫声。而生活在较安静的居民区里的鸟儿，则经常放低歌喉。

　　丹麦莱登大学的汉斯·斯拉伯克恩和玛格里特·皮特博士发现，居住在城市的鸟儿放开歌喉，以便在城市的隆隆声中成功追逐到异性。

　　那些在城市噪声污染中生存的鸟类如果无法叫出高嗓门的声调，在城市生存下来恐怕很困难。在荷兰的一些城市，一些诸如冠毛云雀、金莺的鸟类物种正在消失，有的已经消失，除了一些其他因素（失去栖息地、没有食物来源等），这些鸟类的声音被淹没在城市的噪声中也是它们消失的一个重要原因。

绝种动物墓碑

杨文丰

在美国纽约的布朗克斯动物园有一个"灭绝物种公墓"。近年来，每年10月的最后一个黄昏，不管阴晴雨雪，都有不同肤色的人们默默地来到墓地，为当年灭绝的动物们竖立墓碑。苍茫暮色里，墓碑肃立，发人忧思。

在北京麋鹿苑也有一片墓地，墓碑和十字架林立。这里集中了我们中国人为业已绝迹的地球村居民——动物们竖立的墓碑。墓碑上镌刻着该种动物"绝种"的时间，字迹凝重、庄严。

科学界普遍认为，今天物种灭绝的速度，已大大超过了物种在自然进化过程中死亡的速度。如果按现在每小时有3个物种灭绝的速度，40多年后的2050年，地球上有1/4到一半的物种将"上西天"。这将是令人沉痛的现实！在每一个日子都伟大、都有创造、都富含科技的21世纪，地球村屋前屋后的陆地、湿地和海洋，确乎是早被自封为响当当的"最高级动物"们改造的改造、改变的改变了。沼泽寒潭，干涸龟裂，即便是败柳摇落的凄凉风景，也难于再现了。郁郁森林，离离草地，不是变成了光山、荒漠，就是变成了城市和道路，任谁也无法阻挡。"风吹草低见牛羊"的绿色风景已成为过去，只能引发凄怆感喟，伤心哀叹。

我们能够让地球村里的"死亡区"如同瘟疫，肆无忌惮地扩大、蔓延吗？或许，为绝种动物竖立墓碑很快将不再是黑色的时尚，而将成为最高级动物们的"家常便饭"。

美国多墓地，然而，即便晚秋，映入你眼帘的墓园也是绿草无边，安谧宁静，很难让你读出多少哀伤和恐怖。然而，当你走入灭绝动物墓碑林立的墓地，你的感觉迥然不同——笼罩你的恐惧、孤独，可能比寒夜独行荒山野岭更甚。

在潇潇难歇的春雨中，北京麋鹿苑"世界灭绝动物公墓"通告牌上的每一个汉字，都是给"最高级动物"们敲响的一记警钟：当地球上最后一只老虎在林中孤独地寻找配偶，当最后一只没有留下后代的雄鹰从天空坠向大地，当鳄鱼的最后一声哀鸣不再在沼泽上空回荡……人类，就等于看到了自己的结局！

地球医生

[美]马修·斯里特

雪　莉　译

在 15 年急诊医生生涯中，我救治了成千上万的病人。我没有一天不在思索：为什么生病的人越来越多，即便我一天工作 18 个小时也还是有看不完的病人？直到有一天，我终于找到了问题的答案：地球病了！

特殊病人

我清楚地记得那是一个夏日，炎热，潮湿。我在儿科病房值班，突然接到救护人员打来的电话："一个 8 岁女孩，哮喘发作。"当他们抬着担架冲进急诊室时，我飞快地浏览了病历。小女孩名叫依塔，和哥哥在家玩水时突然发病。"依塔，"我弯下腰，看着她透着惊恐的眼睛，"我是马修医生，我要把一根管子放进你的嘴里，使你的呼吸顺畅起来。"她虚弱地握了一下我的手。我用力地挤压急救袋，想要将空气挤进她的肺部，但她一动不动。尽管我们拼尽了全力抢救，但她的小手还是软软地垂了下去。

我查了很多资料，才弄明白依塔的死因：空气污染。如果不是空气污染，她的哮喘病是可以控制的。我总以为当地的空气还算清洁，但实际情况并非如此。我在书上看到一组数据，仅仅是修建一座小型发电厂，便会导致每年新增1200名急诊病人、3000名哮喘患者和110起死亡病例。在我生活的这个小型社区，有越来越多的人患上了哮喘和其他慢性疾病。尽管我们的医药越来越先进，但人们的健康状况却呈下降趋势。我越来越感觉自己力不从心。

这天晚上，我虽然已经连续工作了24小时，却在床上辗转反侧，满脑子都是病人们痛苦的模样，然后我又想到了依塔。

"马修，你怎么了？"太太南希问我。

"我觉得，哮喘、鼻炎、过敏等等所有这些慢性疾病，元凶都是环境，是我们呼吸的空气使我们生了病。而我该怎样做才能帮助越来越多的病人？"

"别给自己太大压力，"南希轻轻拍了拍我，"你只是名儿科医生，你并没有办法治疗空气。"

"治疗空气？对！我可以做'地球医生'，把地球看成我的病人去救治它！"我激动地抓住南希的手，我想，我找到了困扰我多年的问题的答案。

诊断病情

治疗我的"新病人"的第一步是"从我做起",即对自己的生活方式负责。当我的病人第一次找我治疗时,我通常会询问他们的体重。

于是,我们家也开始"称体重",首先是"审计"我们维持生活所消耗的能量。我们有一座大房子,还有几辆车——我原先居然认为我们过的是"绿色生活"。但现在我要问问自己:一个四口之家需要 3500 平方英尺(约 325 平方米)的住宅和 4 个浴室吗?

再查查我们最近的电费、油费和天然气费,我大吃一惊!一个意大利家庭平均每年消耗 1800 加仑(约 6814 升)汽油,而一个美国家庭竟达到 4483 加仑(约 16970 升)——我们家也少不了多少。这次"审计"清楚地证实了我们家早已经"过度肥胖"。车库里堆满了几乎没有用过的体育用具,衣橱里塞满了根本没穿过或只穿过一两次的衣服,还有一时冲动买下的清洁用品以及当时颇感新奇的小家电……我开始怀念起当初那个健康、壮实的地球。还记得小时候在马里兰州的农村,周围的绿色田野和山冈似乎永恒不变。当秋天来临时,我躺在凉爽舒适的草地上,看候鸟南飞,心中满怀感恩。生活是简单的,也是深沉的。每当我说我想要一件新东西——常常是新玩具——的时候,奶奶总是要我等上一个月。她的话简单而富含哲理:"一个月后,你要么会忘了它,要么会发现你不再需要它了。"我并不认为奶奶是个环保主义者——我不确定那时是否有这一提法,但她确实告诉了我一个真理:我们周围堆满了并不需要的东西,而这并不能使我们生活得更愉快。

治疗方案

我们把球拍、衣服、家电一一送给了需要它们的人，在搬空了大半个家后，我们的生活并没有受到什么影响。现在，每当我想买什么东西的时候，就会像奶奶建议的那样：等上一个月。

我们搬了家，住进了一套小公寓。这会不会影响我们的个人空间和舒适度呢？结果是：生活在小空间里的我们反而更加亲密了。当南希在餐桌上批改学生的作业时，我在一旁读书，孩子们在做作业，一家人安静地坐在一起。大空间实际上把家庭成员间的距离拉远了。简单化的生活实际上意味着知足常乐，不追求豪华浪费，并不意味着缺衣少食。

我们还将白炽灯泡换成经济型的日光灯，全家都养成了离开房间时随手关灯的习惯。也许你会不以为然，但是积少成多，我家的电费账单——每个月只有 20 美元——就是一个很好的证明。当我们了解到洗碗机和烘干机用去了多少能源后，着实吓了一大跳。现在，我们关掉了洗碗机，并将衣服自然晾干——这不仅节约了能源，而且衣服更加耐穿。这样做，是不是会花更多时间？确实如此，但当我们全家一起做这些家务活时，就并不觉得是负担，因为这让我们有更多的时间在一起。

我很享受星期日这一传统节日，后来却失去了它。今天，我们家又重新找回了这一传统——星期天就是留出来休息和思考的。南希常常出去散步，克拉克和艾玛在头一天就做完了家庭作业，我们节约了很多时间和精力——少了赶去商场抢购的仓促，也省了去电影院的拥挤——得到了不少闲暇和安宁。当我们改变了生活习惯之后，我们希望不仅环境可以因此受益，我们自己也能从中愉悦身心。

在治疗地球的过程中，我渐渐感悟到：作为一个治病救人的医生，我的职责不仅在医院的大门之内，而且必须延伸到我们赖以生存的这个星球本身。全人类都是被地球这一共同的纽带联系在一起的，因此治愈地球，每个人、每个家庭都责无旁贷。不管我们的能力是大是小，都能为改变地球的现状尽一份力。但愿我的"诊疗方案"能够有助于创造一个干净些、健康些的地球，那不仅是为我，为我的孩子和家庭，也是为整个人类，更是为了多年前的夏天，那个把小手放在我手里的 8 岁小女孩。

编后记

　　科技是国家强盛之基，创新是民族进步之魂。科技创新、科学普及是实现创新发展的两翼，科学普及需要放在与科技创新同等重要的位置。

　　作为出版者，我们一直思索有什么优质的科普作品奉献给读者朋友。偶然间，我们发现《读者》杂志创刊以来刊登了大量人文科普类文章，且文章历经读者的检验，质优耐读，历久弥新。于是，甘肃科学技术出版社作为读者出版集团旗下的专业出版社，与读者杂志社携手，策划编选了"《读者》人文科普文库·悦读科学系列"科普作品。

　　这套丛书分门别类，精心遴选了天文学、物理学、基础医学、环境生物学、经济学、管理学、心理学等方面的优秀科普文章，题材全面，角度广泛。每册围绕一个主题，将科学知识通过一个个故事、一个个话题来表达，兼具科学精神与人文理念。多角度、多维度讲述或与我们生活密切相关的学科内容，或令人脑洞大开的科学知识。力求为读者呈上一份通俗易懂又品位高雅的精神食粮。

　　我们在编选的过程中做了大量细致的工作，但即便如此，仍有部分作者未能联系到，敬请这些作者见到图书后尽快与我们联系。我们的联系方式为：甘肃科学技术出版社（甘肃省兰州市城关区曹家巷1号甘肃新闻出版大厦，联系电话：0931-2131576）。

　　丛书在选稿和编辑的过程中反复讨论，几经议稿，精心打磨，但难免还存在一些纰漏和不足，欢迎读者朋友批评指正，以期使这套丛书杜绝谬误，不断推陈出新，给予读者更多的收获。

丛书编辑组

2021 年 7 月